調べようごみと資源 **5**

清掃工場・最終処分場

監修：松藤敏彦　北海道大学教授　　文：大角修

⑤ 清掃工場・最終処分場

もくじ

たくさんのごみ
もし、ごみを出せなかったら

ごみ処理の大切さ

わたしたちのくらしからは、たくさんのごみが出ます。料理をすれば、野菜くずや魚の骨、店で食べ物や飲み物を買ってくると、トレーやペットボトルなどの容器がごみになります。

もし、ごみをそのままにしておくと、家中がごみだらけになります。日本中の家がそうなったら、

ごみは町中にあふれ、くさって、いやなにおいがしたり、ゴキブリやハエ、ネズミなどがふえて伝染病が大流行したりします。

そんなことがないように、まちにはごみを集めて処理するしくみがあります。

ごみの処理は、電気やガス、水道と同じように、くらしに欠かせない、大切な仕事なのです。

ごみの海にうもれちゃう

もしごみを出さなかったら、そこら中ごみだらけだ。

新聞紙

生ごみ

空きびん

空きかん

冷蔵庫

段ボール

衣類・布

洗たく機

牛乳パック

スマホ

エアコン

プラスチック容器

電池

ペットボトル

ふとん

食器

パソコン

自動車

ごみの量

わたしたちは、どれくらい、ごみを出しているのだろう？環境省の資料によると、2014（平成26）年度で全国で1年に4432万トン、1人1日当たりだと947g。1年間では1人当たり346kgものごみを出していることになる。3人家族で1トンをこす量だ。

しかも、これは家や事務所から出るごみだけの量だ。ごみは、それだけではない。このシリーズの1巻にある産業廃棄物をたすと、1年に4億トン以上にもなるんだ。

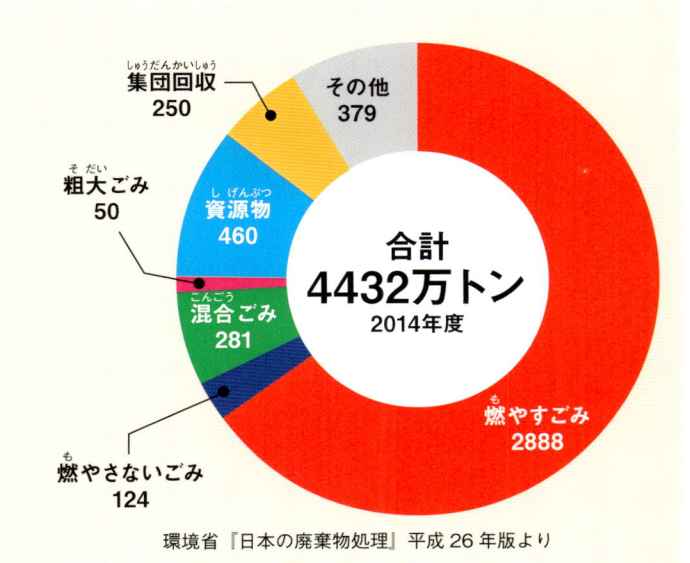

集団回収
250

その他
379

粗大ごみ
50

資源物
460

合計
4432万トン
2014年度

混合ごみ
281

燃やすごみ
2888

燃やさないごみ
124

環境省『日本の廃棄物処理』平成26年版より

＊混合ごみは燃やすごみと燃やさないごみをいっしょに収集すること。

ごみを分ける

分別のしかた

分別とは

くらしの中から出るごみを集めて処理するのは、市町村の仕事です。

ごみの処理は、収集→中間処理→最終処分の順に行われます。中間処理は、燃やしたり、資源として使えるごみを選別したりすることです。

多くの市町村では、ふつうのごみ、大きな粗大ごみ、新聞紙、かんやびん、ペットボトルなどのように資源としていかせる資源物（資源ごみ）、そして蛍光管や乾電池などのように処理がやっかいな危険なごみを分けています。

ふつうのごみは、燃やすごみと燃やさないごみに分けているところも多いのですが、いっしょに収集しているところでも、金物類は別に収集するなどのくふうをしています。

ごみの処理とごみの分別の例

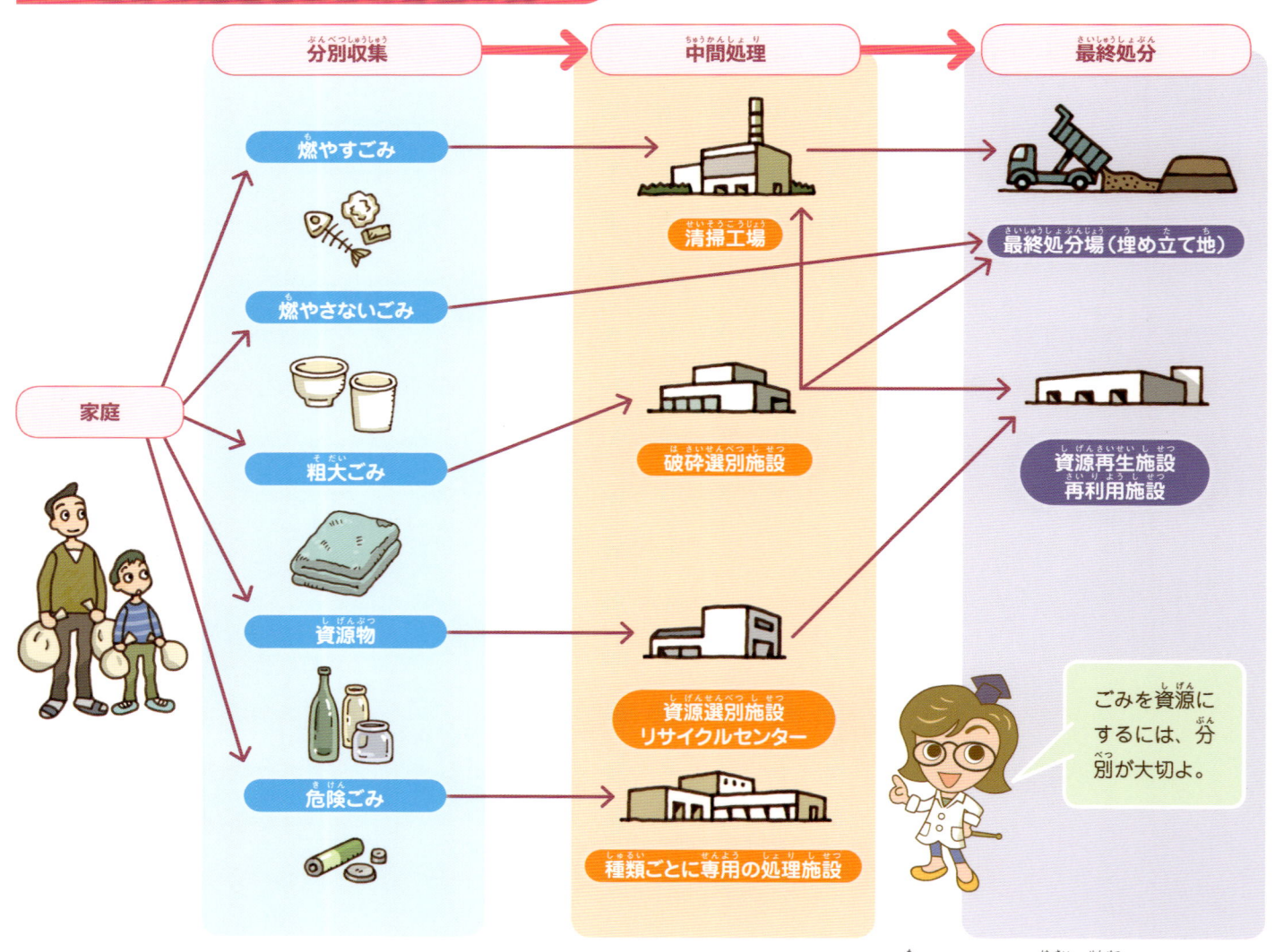

ごみを資源にするには、分別が大切よ。

燃やさないごみを破砕・選別する市町村もある。

＊ごみの分別は、このシリーズの1巻も見てください。

ごみの多分別

「分ければ資源」という言葉がある。ごみの中から資源として利用できるものを分けて回収すれば、資源として利用しやすいからだ。その分、燃やしたりうめたてたりする量をへらすこともできる。たとえば、熊本県水俣市では、ごみを21種類に分別して収集している。びんを出すときは、透明、茶色、その他の色別に分けたり、食用油を生ごみとは別に分けたりしている。これは、資源になるものをより多く回収するために細かく分別する「多分別」とよばれる方法の例だ。

多分別収集に協力してもらうため、水俣市では下の図のようなちらしを市民に配っている。

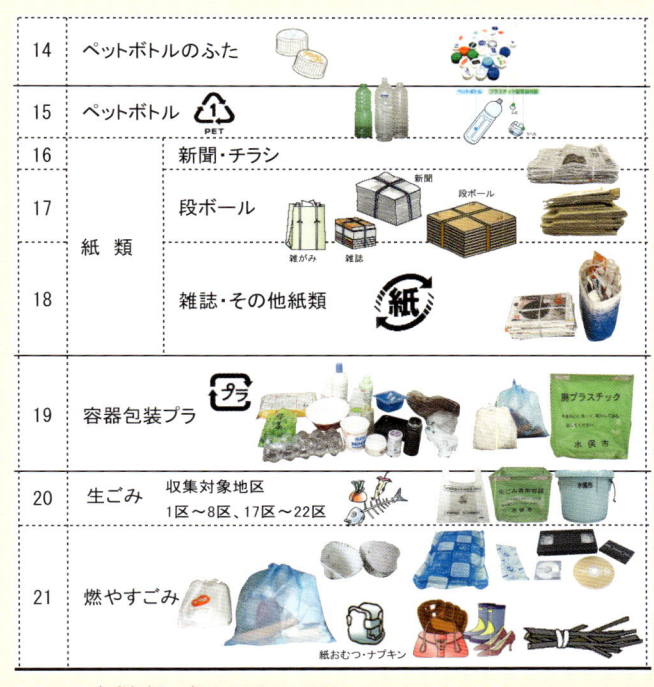

	分　類		
1	生きびん		
2	雑びん	透明	
3		茶色	
4		その他色	
5	空き缶	スチール缶	
6		アルミ缶	
7	布類（衣類）		
8	電気コード類		
9	有害	乾電池類	
10		蛍光管・電球類	
11	食用油		
12	小型家電（17品目）		
13	破砕・埋立及び粗大ごみ		
14	ペットボトルのふた		
15	ペットボトル		
16	紙類	新聞・チラシ	
17		段ボール	
18		雑誌・その他紙類	
19	容器包装プラ		
20	生ごみ	収集対象地区　1区〜8区、17区〜22区	
21	燃やすごみ		

ごみの多分別の例（熊本県水俣市「家庭ごみの分け方・出し方」平成28年度発行より）

分別にまよったら

ごみを出すとき何に分けてよいかとまよったときに、調べられるように、インターネットで品物ごとに検索できるようにしている市町村がある。右は神奈川県相模原市の検索サイトの例。市のホームページから「家庭ごみ分別サイト」に入れば調べることができる。

たとえば、こわれた雨がさは相模原市でどの分類かを調べるには、サイトで「かさ」と入力すると、傘は「粗大ごみ」という答えが出る。よくごみになる品物を五十音順のリストで調べられるようにもなっている。

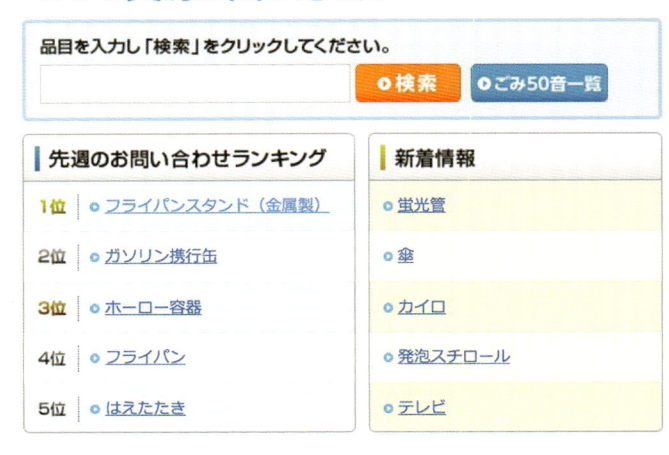

ごみと資源の出し方を調べる

品目を入力し「検索」をクリックしてください。

○検索　　○ごみ50音一覧

先週のお問い合わせランキング

1位　○フライパンスタンド（金属製）
2位　○ガソリン携行缶
3位　○ホーロー容器
4位　○フライパン
5位　○はえたたき

新着情報

○蛍光管
○傘
○カイロ
○発泡スチロール
○テレビ

ごみを出す場所

ごみ集積所もいろいろ

ごみ集積所に行ってみよう

家からごみを出す集積所（ごみ置き場）は、たいてい、歩いてすぐのところにあります。遠くまでごみを持っていくのは大変なので、近所の人たちと市町村で話し合って、家の近くに場所を決めているのです。

でも、いつでも、どんなごみでも出してよいわけではなく、ふつう、分別したごみの種類ごとに、出す曜日が決められています。そのきまりを知らせるため、ごみ集積所には注意書きがあります。

また戸別収集といって家ごとにごみを集める市町村もあります。

家庭から出すごみの集積所

町内会・自治会などの住民の会では、ごみ集積所の清掃をしたり、決められた日に、決められた方法でごみを出すようによびかけたりして、市と協力している。

みんなの家や学校の近くのごみ集積所はどんな様子か調べてみよう。

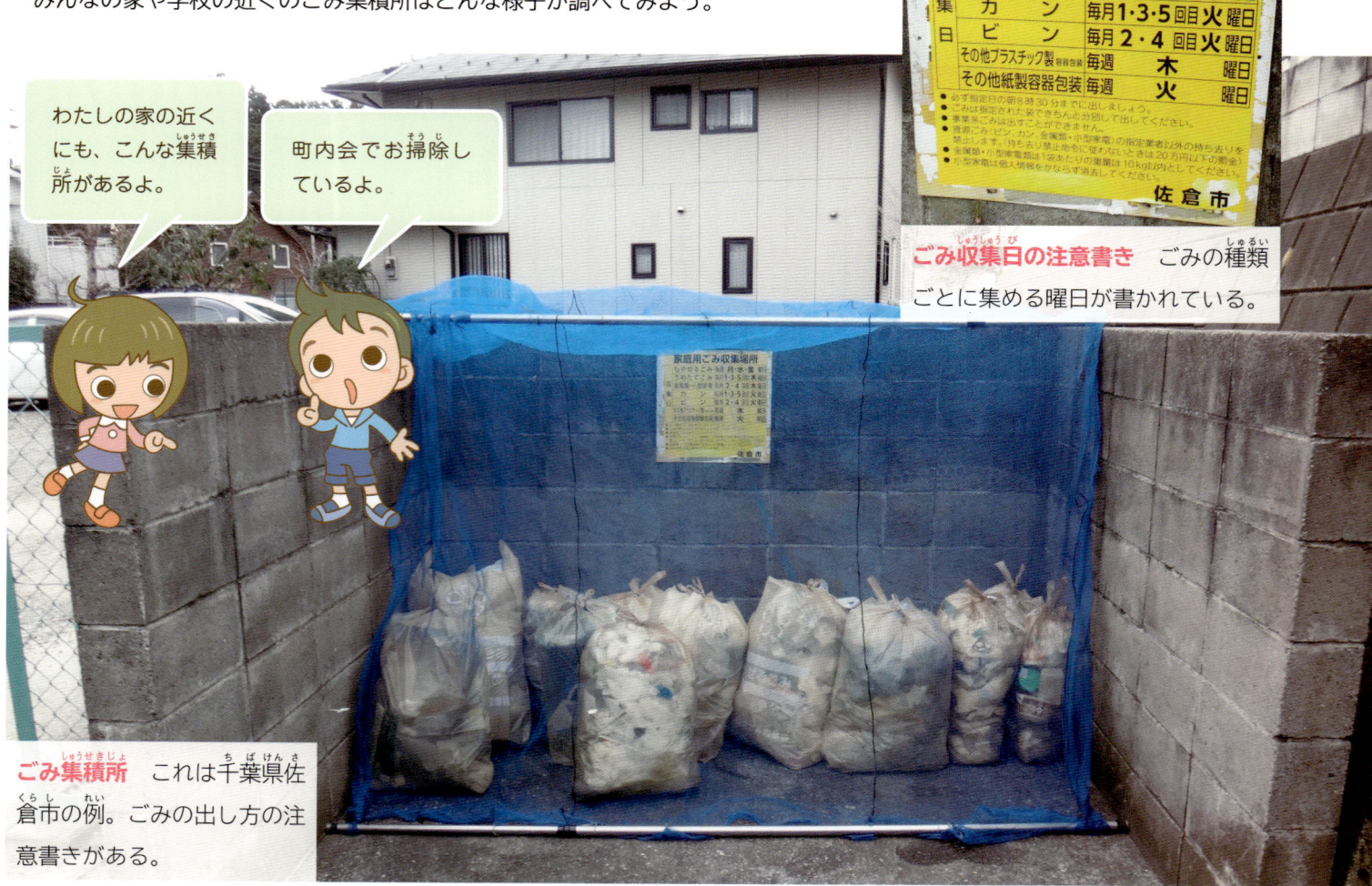

わたしの家の近くにも、こんな集積所があるよ。

町内会でお掃除しているよ。

家庭用ごみ収集場所

収集日		回数	曜日
	もやせるごみ	毎週	月・水・金 曜日
	うめたてごみ	毎月1・3・5 回目	木 曜日
	金属類・小型家電	毎月2・4 回目	木 曜日
	カ　ン	毎月1・3・5 回目	火 曜日
	ビ　ン	毎月2・4 回目	火 曜日
	その他プラスチック製容器包装	毎週	木 曜日
	その他紙製容器包装	毎週	火 曜日

必ず指定日の朝8時30分までに出しましょう。
ごみは指定された袋できちんと分別して出してください。
事業系ごみは出すことができません。
資源ごみ（ビン・カン・金属類・小型家電）の指定業者以外の持ち去りを禁止します（持ち去り禁止命令に従わないときは20万円以下の罰金）。
金属類・小型家電は1袋あたりの重量は10kg以内としてください。
小型家電は個人情報をかならず消去してください。

佐倉市

ごみ収集日の注意書き ごみの種類ごとに集める曜日が書かれている。

ごみ集積所 これは千葉県佐倉市の例。ごみの出し方の注意書きがある。

集団回収とは

　家庭から出る古新聞やびん・かん・ペットボトルなど、資源物に分別されるものは、市町村の回収のほか、集団回収もある。

　集団回収とは、学校のPTA、町内会などの地域の団体が住民によびかけて、決まった場所や日時に出してもらい、契約した回収業者にわたすしくみだ。

　回収業者は集めた資源物を選別したり、リサイクル会社に売りわたす。その代金の一部は地域の団体の収入になったり、再生品がくばられたりする。

　市町村は登録した回収業者に補助金を出し、地域の団体には奨励金を出している。そうして集団回収がさかんになれば、回収率があがり、資源の節約につながることになる。

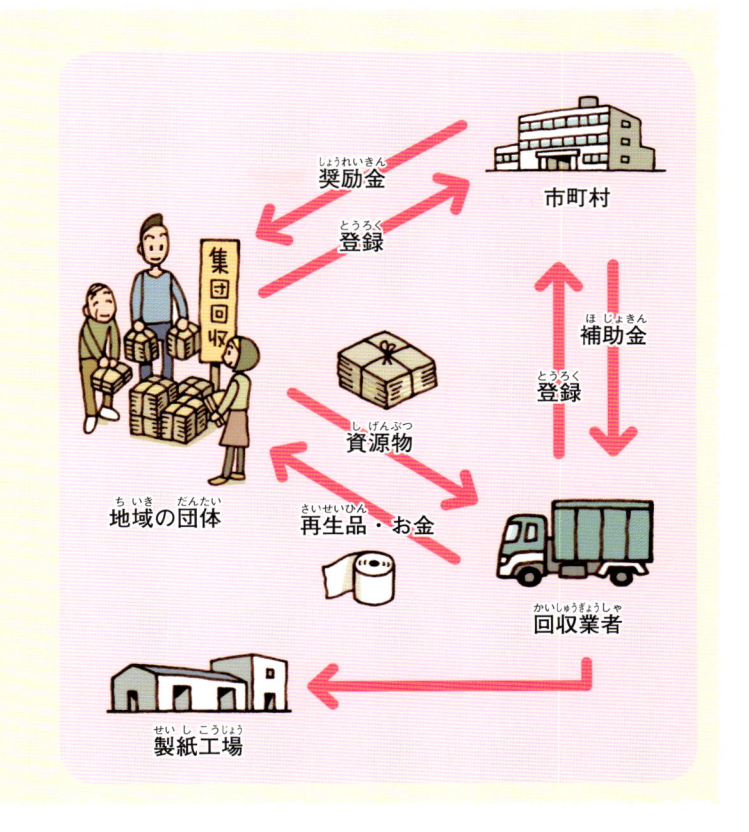

歩道わきの集積所　場所が決まっているだけで、とくに施設はない。

拠点回収ボックス　資源物や家電製品の回収のため、市町村が市役所・市民ホールなど、特定の場所においている。

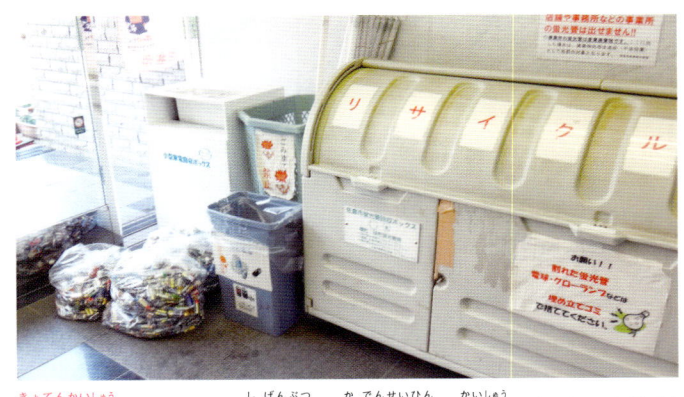

マンションの集積所　大きなマンションでは専用のごみ集積所がある。

ごみは、きちんと、きまりどおりに出すんだよ。

ごみを集めて運ぶ

ごみの収集

ごみ収集車

集積所には収集車がやってきて、係の人が手でごみを積みこんでいきます。たくさんある集積所を残らずまわって、ごみを集めるのです。

ごみ集積所は、大通りだけでなく、小さな道のわきにもあるので、ごみ収集車には、あまり大きな自動車は使えません。

それでも、ごみをたくさん積めるように、特別のしくみがあります。

ごみの収集 集積所に出されたごみを袋ごと収集車に積みこんでいく。

ごみを収集する人の話

わたしたちは、袋のしばってあるところを持って、収集車に積みこみます。きちんとしばってないと、うまく持てないのでこまります。

また、手で持つところにヤキトリの竹ぐし、つまようじなど、とがったものがあると、手にささってしまうことがあります。そういうものをすてるときは、袋の奥の方に入れてくださいね。

水気が多いものも、こまります。収集車に積みこむとき、プシュッと、袋から水が出てくることがあります。生ごみの水気をぬいてから出してもらうと、ごみの量をへらせますよ。

ごみ収集車のくふう

1回にできるだけたくさんのごみを積みこめるように、くふうされているんだって。

ごみ収集車 この収集車は2トン積み。（神奈川県相模原市）

回転板

スイッチ

ごみを積むところ

のぞき窓

消火器

ごみ収集車の後部 シャッターのようなとびらがひらいて、中にごみをつめこむ。英語で「つめこむもの」といういう意味の「パッカー」という言葉から、パッカー車という。

消火器とのぞき窓 ごみの中に、ガスボンベなどがまじっていると発火することがあるため、消火器が積んである。のぞき窓からは中の様子が見える。清掃工場でごみをおろしたとき、ごみが残っていないか確かめられる。

パッカー車のしくみ

回転板式とよばれるパッカー車のしくみ。回転する板で、ごみをかきこみ、前後に動く板でごみを中におしこむ。

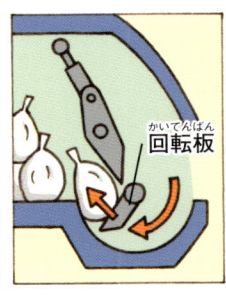
回転板

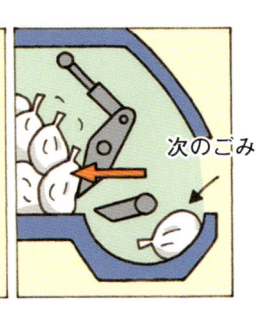
次のごみ

前後に動く板

ごみの量にあわせ前後に動く板

回転板

ごみを燃やす施設

清掃工場に行ったよ

ごみ処理の流れと清掃工場

ごみ収集車がついたのは、清掃工場です。ここでは、集めたごみを燃やします。

下の図は、清掃工場でのごみ処理の流れをしめしたものです。清掃工場では、ごみを受け入れて、燃やして灰にし、排ガスを無害にする処理をします。また、熱を利用して発電・温水プールなどに活用しています。

見学した清掃工場（神奈川県相模原市・北清掃工場）

相模原市
神奈川県

❶受け入れ・計量・投入	➡	❷ピットにためる	➡	❸燃やす

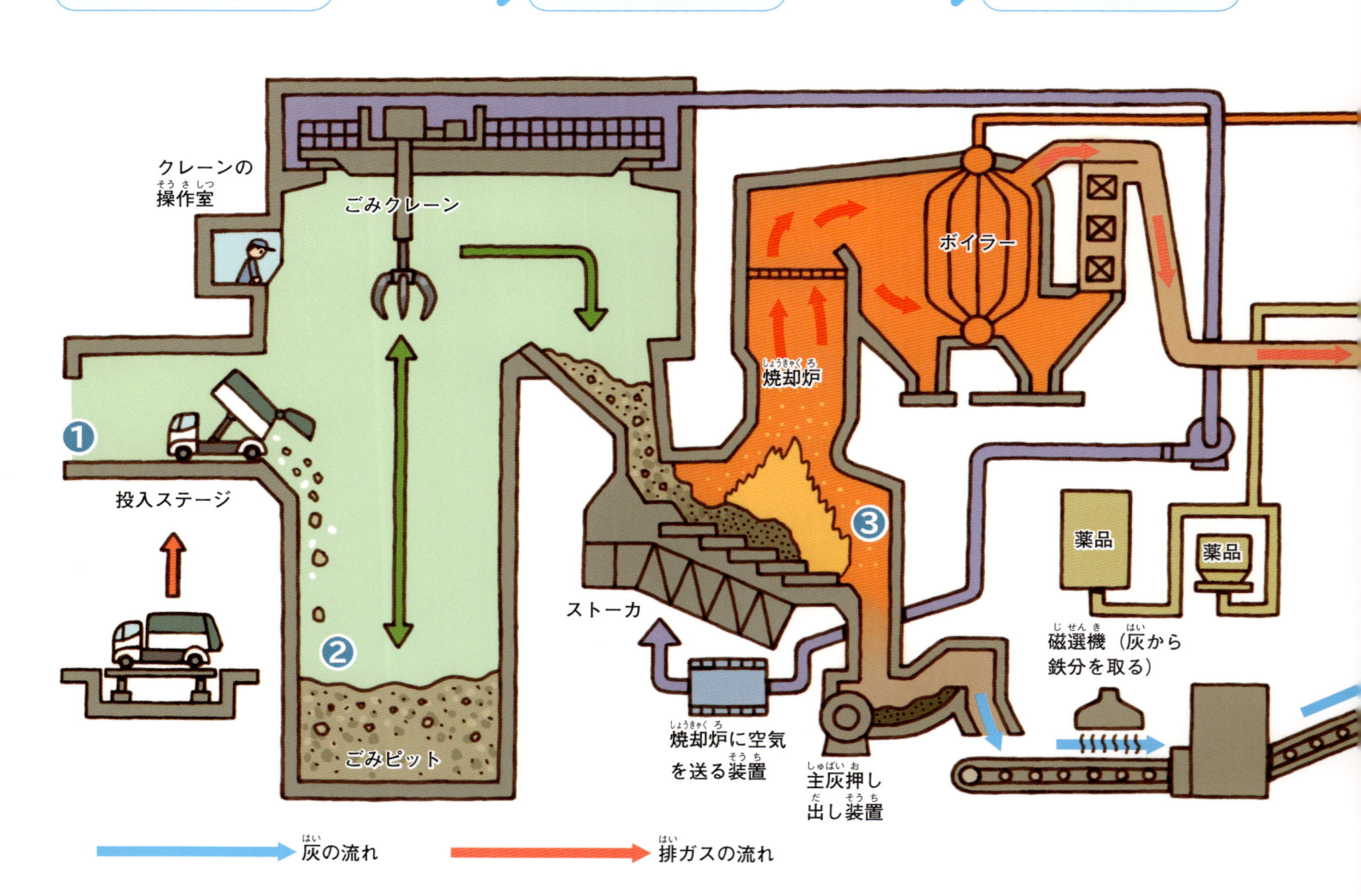

クレーンの操作室

ごみクレーン

ボイラー

焼却炉

❶

投入ステージ

❸

薬品

薬品

ストーカ

❷

磁選機（灰から鉄分を取る）

焼却炉に空気を送る装置

主灰押し出し装置

ごみピット

➡ 灰の流れ　　➡ 排ガスの流れ

入り口で計量

まちのごみ集積所からごみを運んできた収集車は、清掃工場の入り口で、まず、大きな鉄板の上にとまる。これは大きな体重計のような機械で、上にとまった収集車の重さをまるごとはかる。その重さから、ごみを積んでいないときの車の重さを引くと、集めたごみの重さがわかるというしくみだ。

ごみを
集めてきた
車の重さ
（たとえば3トン）

車の重さ
（2トン）

収集した
ごみの重さ
（1トン）

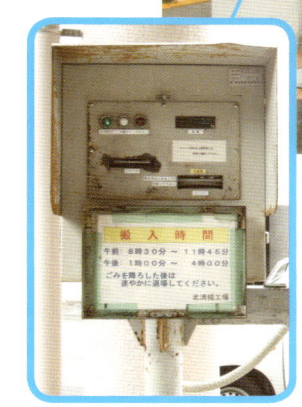

計量機の上にとまった収集車

計量機の表示　機械で自動的に計算し、記録される。この清掃工場では1日450トンのごみを燃やすことができる。

➍ 灰・排ガスの処理　　　　　➎ 処理した灰は最終処分場へ・排ガスは煙突へ

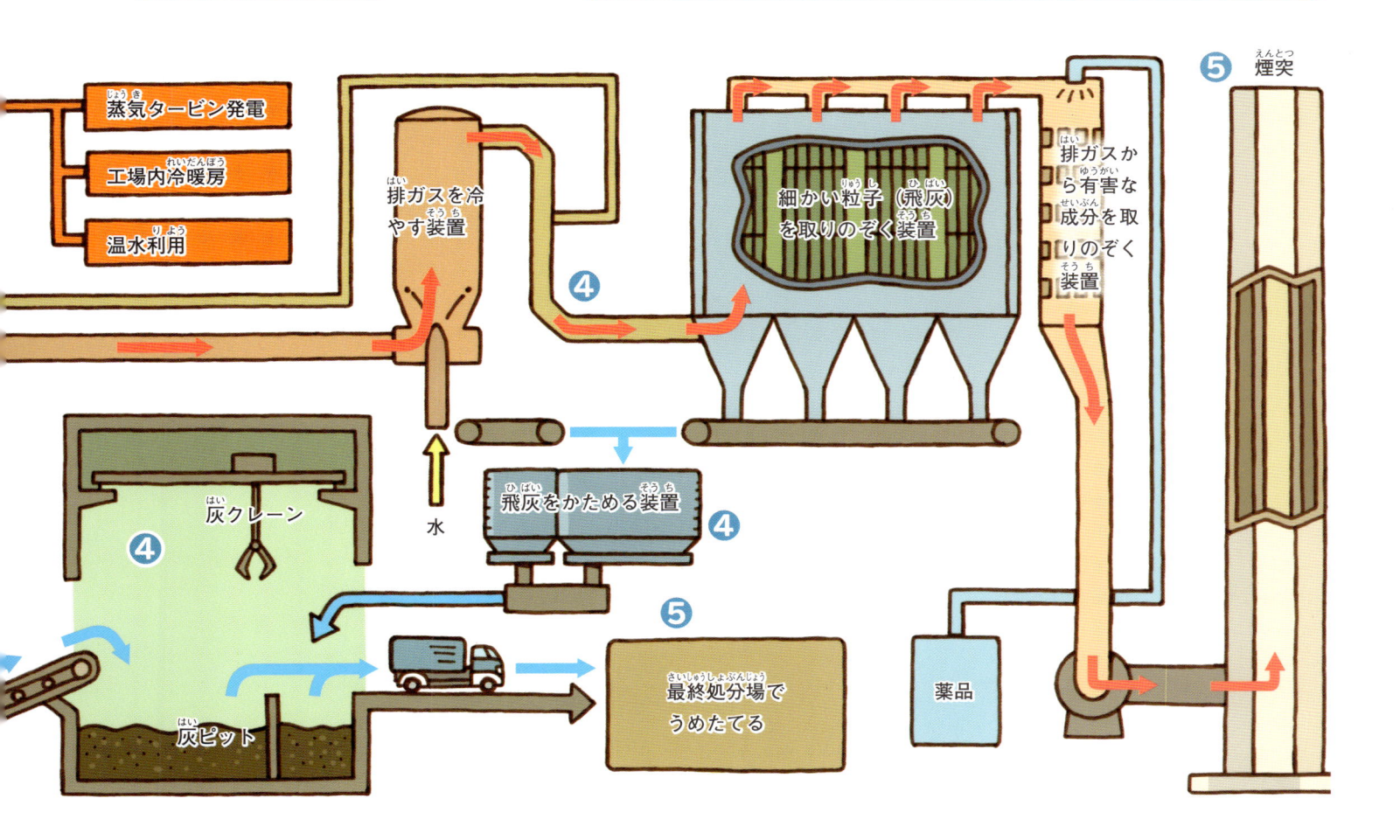

蒸気タービン発電

工場内冷暖房

温水利用

排ガスを冷やす装置

➍

細かい粒子（飛灰）を取りのぞく装置

排ガスから有害な成分を取りのぞく装置

➎ 煙突

灰クレーン

➍

水

飛灰をかためる装置　➍

灰ピット

➎

最終処分場でうめたてる

薬品

ピットにごみをためる

　清掃工場（せいそうこうじょう）の見学にきた人がびっくりするのが、ごみピットだ。大きくて深い室内プールみたいなところに、収集車（しゅうしゅうしゃ）が積んできたごみを落とす。

　ピットは、集めたごみをいったんためておくところだ。というのは、ごみの量（りょう）が日によってちがうから。焼却炉（しょうきゃくろ）で1日に燃（も）やす量（りょう）は決まっているので、ごみが多い日でも少ない日でも一定の量を燃やせるようにためておく。

　また、ピットでごみの中の水分をぬいたり、クレーンでごみをよくまぜたりして、安定して燃（も）えるようにしている。

クレーンの操作室（そうさしつ）　ピットの中のクレーンを動かす。

ごみをためておくピットの中は、すごいにおいだよ。

においが建物（たてもの）の外にはもれないくふうがされているから安心よ。

ごみ投入口

ごみ投入ステージ

ごみピット

ごみ投入ステージ（プラットホーム）　ごみを運んできた収集車（しゅうしゅうしゃ）は、ごみ投入ステージにとまる。そこにはごみの投入口となる大きなとびらがならんでいる。そこから、ピットという大きなプールのようなところに、ごみを投入する。

ごみを投入する様子　収集車（しゅうしゅうしゃ）のうしろをあけて、ごみ投入口からごみをピットの中に落とす。

ごみピットの中　ごみをクレーンでつかみあげて、焼却炉につながる投入ホッパ（受け口）に入れる。ひとつかみでパッカー車1台分に当たる約2トンを運ぶことができる。

投入ホッパ

ごみをクレーンでつかみあげては落とす。これをくりかえして、ごみをよくまぜる。

クレーンの操作室

ごみ投入口

年末年始など、ごみが多いときは、ごみ投入口あたりまで、ごみでいっぱいになる。

安全に燃やす

焼却のしくみ

ごみを燃やすくふう

「燃やすごみ」には、台所から出る生ごみが多くふくまれています。野菜くずや食べ残しなどの生ごみは、しめっているので、そのままではうまく燃えません。ですから、「燃やすごみ」は「燃えやすいごみ」ばかりではありません。

ごみをうまく燃やすために、ごみを一定の速さで送ったり、完全に燃やすため、空気をじゅうぶんに送りこんだりするしくみがあります。

また、ごみが燃えるときに出る灰や排ガスを集めて安全に処理するしくみがついています。

清掃工場の中央管制室 焼却炉は、いったん燃やしはじめると数か月に1度の定期点検まで休まない。昼も夜も、自動で燃やし続ける。そのためいつでも2人以上で施設の全体を管理している。

炉のしくみ

下の図はストーカ炉という焼却炉のしくみだ。ストーカとは、格子（すきまのあるもの）のことで、図のようなしくみで炉に空気を送りこんでごみを燃やす。

のぞき窓から見た炉の中

ストーカ式焼却炉のしくみ

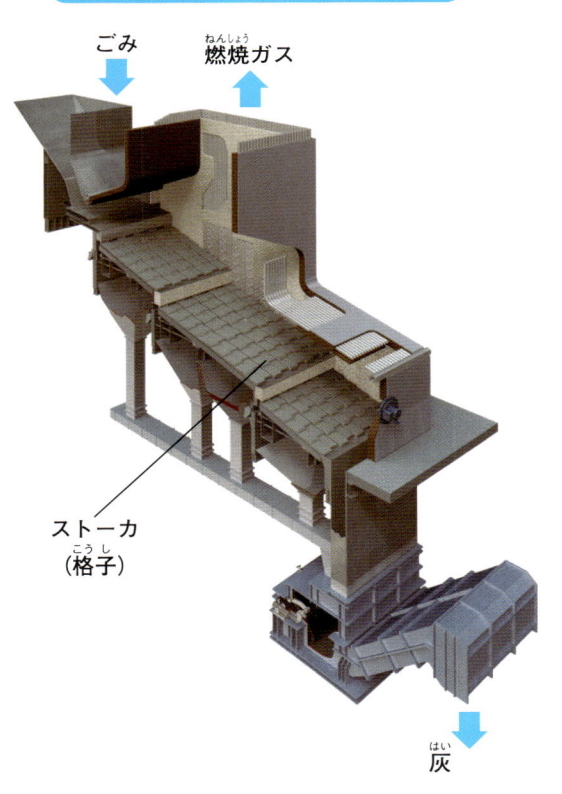

ごみ
燃焼ガス
ストーカ（格子）
灰

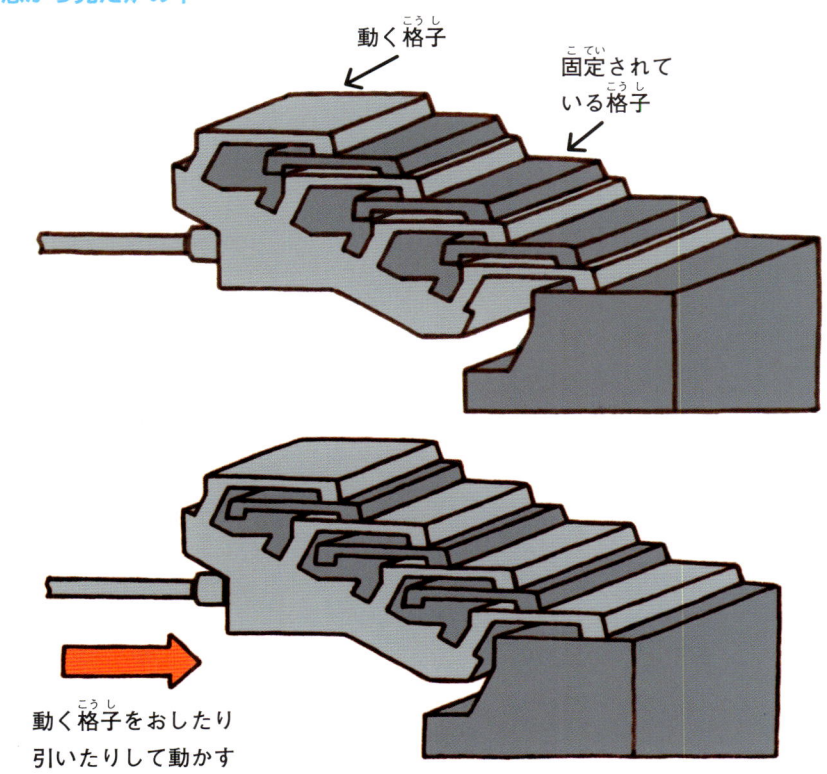

動く格子

固定されている格子

動く格子をおしたり引いたりして動かす

炉の中のストーカ 全体がななめになっていて、ごみは燃えながら下に移動する。いちばん下まで押し出して灰が下に落ちる。上はストーカのしくみ。2つのストーカの間から空気が入る。

♻ 清掃工場の人の話

ごみを燃やすと、健康に害があると心配されているダイオキシン類という物質もできます。しかし、焼却炉を800℃以上の高温にたもって完全に燃やすと、ダイオキシン類が発生しにくいことがわかっています。そのため、炉をつくりなおしたりしてくふうした結果、ダイオキシン類はだいぶへってきました。

ごみを大量に燃やすことで、有害物質ができたり、重金属の水銀や鉛などが排ガスや灰とともに出てきますが、いろいろな薬品や装置で安全な基準以下にしています。しかし、まったく有害物質をなくすことはできません。有害物質をへらすためには、ごみの量をへらすことがなにより大切なのです。

灰の処理

排ガスの中の細かな粒子も取りのぞく

2種類の灰

ごみの焼却炉から出る灰には2種類あります。ひとつは焼却炉の下から出てくる灰で、「主灰」といいます。もうひとつは、排ガスにまじっている細かな粒子で、フィルターなどで集めたものを「飛灰（ばいじん）」といいます。

飛灰は大気汚染の原因になります。それで、焼却炉から出る排ガスは飛灰を取りのぞいて煙突から大気中に出します。

飛灰には有害物質がふくまれているので、かためるなどの処理をしてから、最終処分場（埋め立て地）に運びます。

灰と排ガスの処理の流れ

燃やす ➡ 焼却炉から主灰・飛灰が出る ➡ 処理 ➡ 最終処分場へ

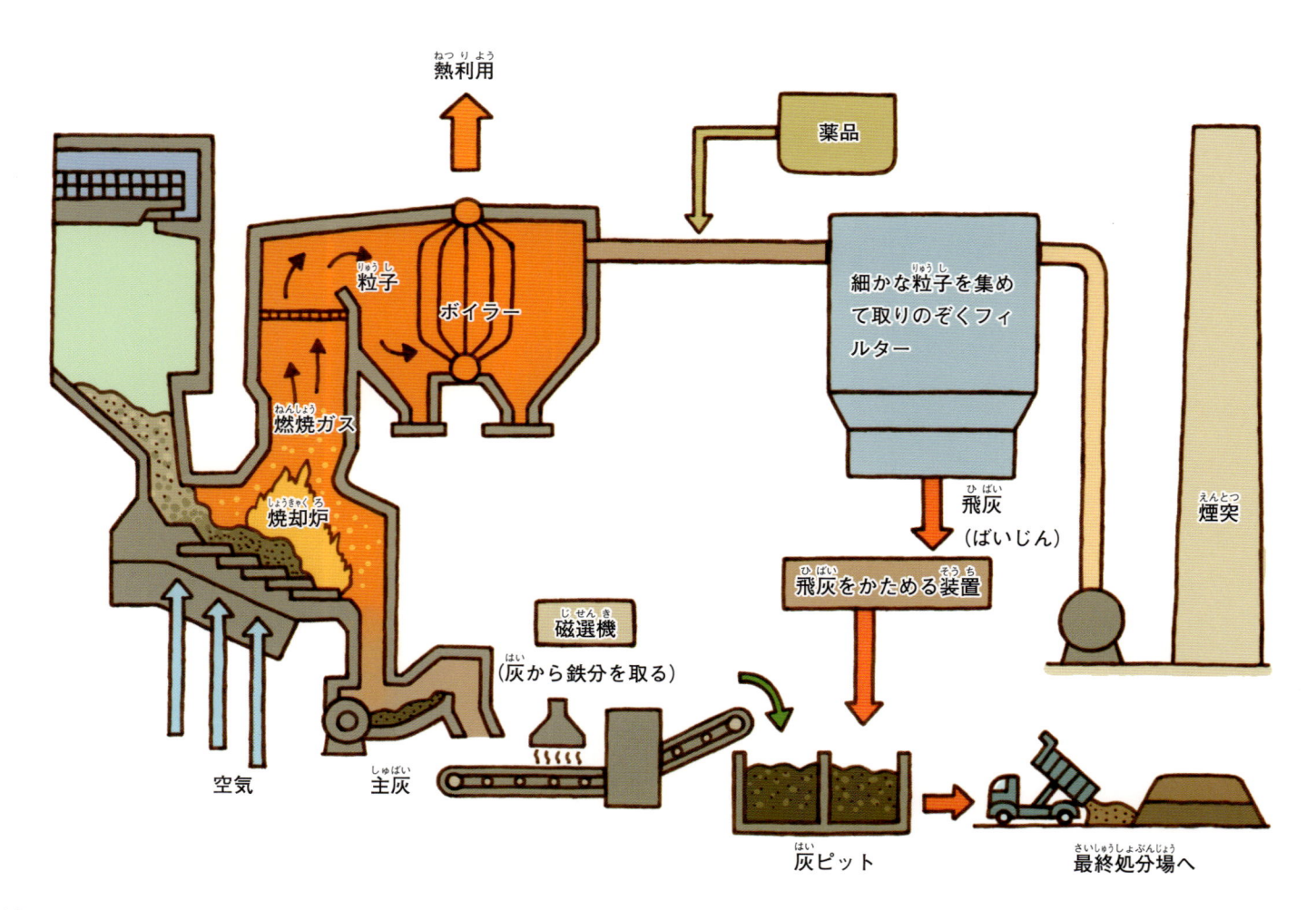

熱利用

薬品

粒子

ボイラー

細かな粒子を集めて取りのぞくフィルター

燃焼ガス

焼却炉

飛灰（ばいじん）

煙突

磁選機
（灰から鉄分を取る）

飛灰をかためる装置

空気

主灰

灰ピット

最終処分場へ

♻ 飛灰（ばいじん）をかためる

飛灰の中の有害成分がとけださないよう、①薬品を加えてかためる方法、②セメントでかためる方法、③熱でとかして溶融スラグにする方法などがある。右はアーク炉という、電気の力でとかして、スラグにする装置。主灰もとかすことがある。スラグはリサイクルできる。

高温で溶融

飛灰

溶融スラグ

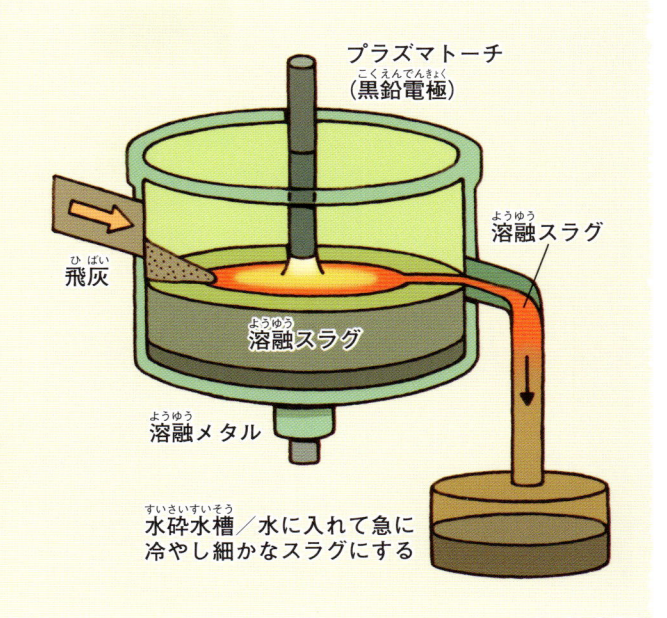

プラズマトーチ（黒鉛電極）

飛灰

溶融スラグ

溶融スラグ

溶融メタル

水砕水槽／水に入れて急に冷やし細かなスラグにする

金属のかたまりと灰を分ける　焼却炉から出てきた主灰をふるって、金属のかたまりと灰を分ける。

灰ピットの主灰　磁石で鉄を取り出した主灰はここに集められる。その後最終処分場に運ぶ。

熱の利用と発電

ごみのエネルギーをいかす

ごみはエネルギー源

多くの清掃工場では、ごみを燃やしたときに出る熱を利用して、蒸気をつくり、発電しています。

発電した電気は清掃工場で使う電気をまかなったり、電力会社に売ったりしています。また、熱を温水プールやおふろなどに利用しています。ごみの持つエネルギーを有効に利用するくふうです。

熱の利用のしくみ

燃やす → ボイラーで高温の蒸気をつくる → 発電・熱利用

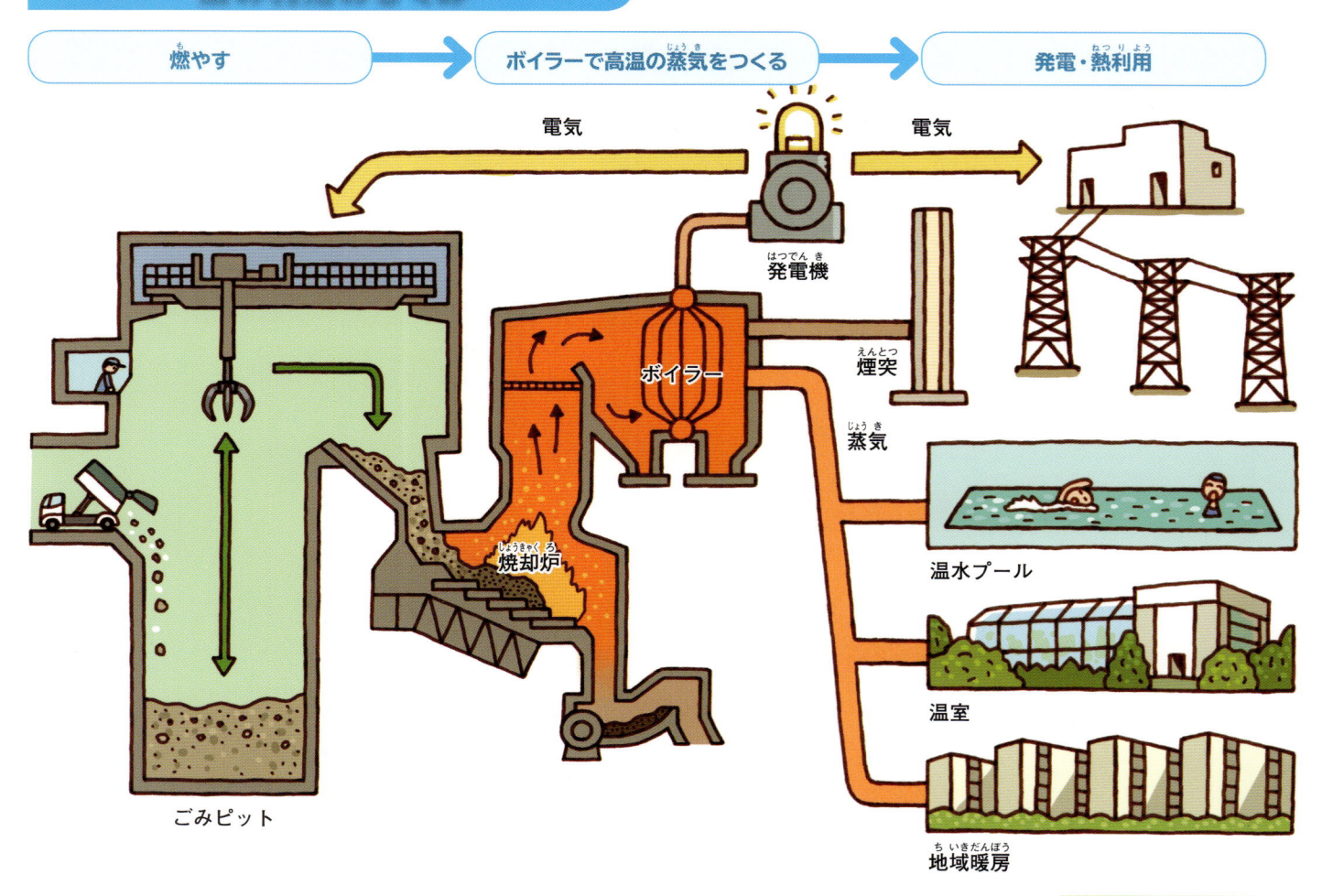

電気　発電機　電気　煙突　蒸気
ボイラー　焼却炉　ごみピット
温水プール　温室　地域暖房

ボイラー ごみを燃やした熱で高温の蒸気をつくる。

燃やせば熱が出るよね。それを利用しているんだ。

ごみ発電能力のふえかた

ごみで発電できる量は10年間で26％ほど大きくなった。

環境省『日本の廃棄物処理』平成26年版より

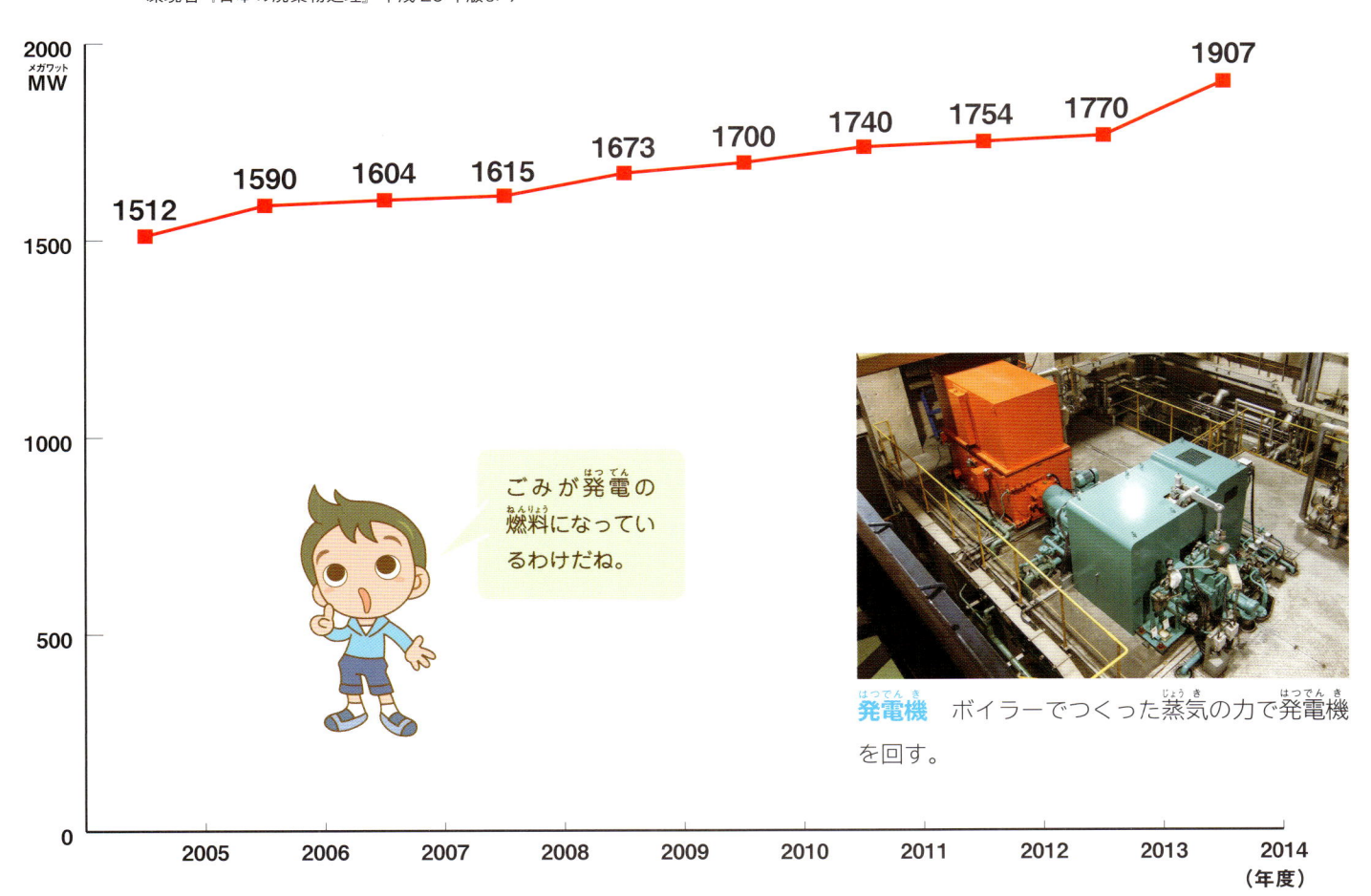

ごみが発電の燃料になっているわけだね。

発電機 ボイラーでつくった蒸気の力で発電機を回す。

温水利用のプール 一年中温水プールとして利用している。

温室 ごみを燃やした熱を暖房に利用する熱帯植物園だ。

生ごみの利用

家畜のえさ（飼料）・作物の肥料・燃料

🌿 生ごみは資源

今は生ごみの多くを燃やして処理していますが、昔はブタやニワトリなどのえさ（飼料）にしていました。また作物を育てる肥料（たい肥）にも使われてきました。

近年は、生ごみからガスをつくり、燃料として使うくふうも進められています。

生ごみをタンクの中で発酵させると、メタンガスが発生します。メタンガスは天然ガスのおもな成分で、燃料として利用できます。英語で動植物の体をバイオマスといい、それからつくるガスなので、「バイオガス」とよばれます。

しかし、バイオガスには大きな設備がいるなどの問題があります。

また生ごみを飼料にするには、家畜が消化できない金属やプラスチックがふくまれていてはいけません。たい肥にしても、農地が近くにないと使い道がないといった問題があります。

こうした課題はありますが、生ごみを燃やさずに利用することが進められています。

そもそも、食べ残しが多すぎ！

生ごみを燃やさない方法

家畜のえさ（飼料）にする

作物の肥料にする

車の燃料にする

たい肥にする装置

生ごみを発酵させると、たい肥という肥料になる。田畑の土を改善するのに、とてもよい肥料だ。

生ごみをまぜ、空気を入れる。

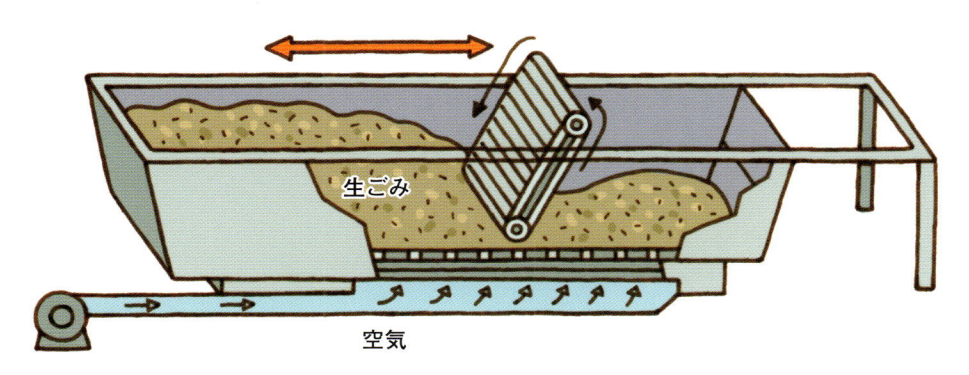

生ごみ

空気

大きなたい肥づくりの装置 一度にたくさんの生ごみをたい肥にすることができる。

家庭でできるたい肥づくりの器具

家ごとの生ごみの量、おく場所などにあわせて、いろいろな器具がある。花壇や家庭菜園の肥料に利用できる。

バイオガスにする装置

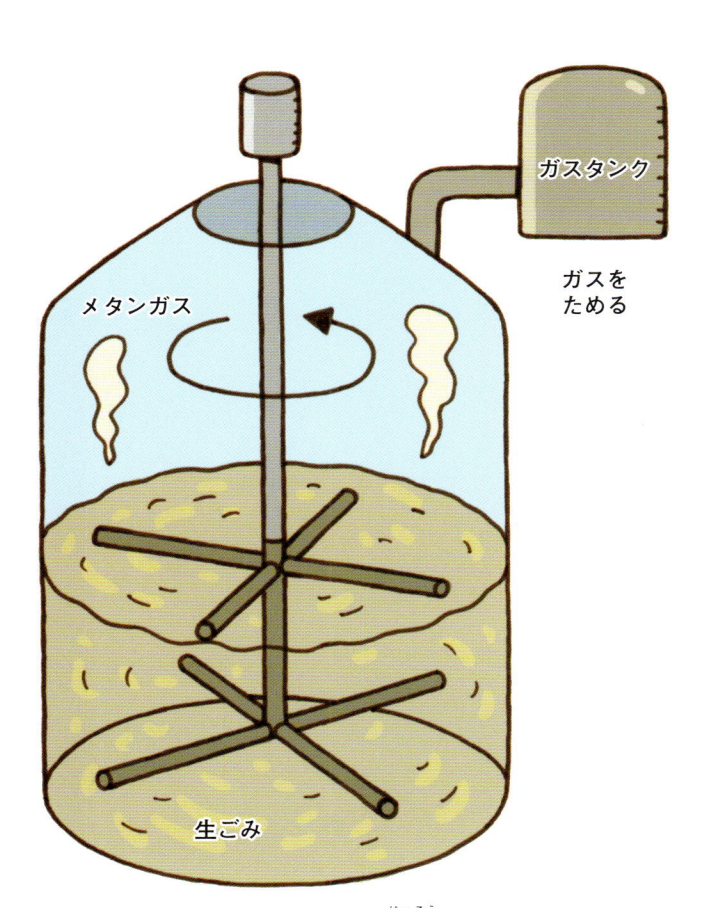

メタンガス

ガスタンク

ガスをためる

生ごみ

生ごみをゆっくりかきまぜながら発酵させ、メタンガスを取り出す。

生ごみのメタンガスを燃料にする発電所 この施設は新潟県長岡市の生ごみバイオガス発電センター。家々から収集した生ごみからつくったメタンガスを燃料に発電している。

（提供：長岡市）

23

粗大ごみはどうなるの
分解したり、くだいたり

資源回収してから燃やす

粗大ごみは、大きい、重いなどの理由で、ほかのごみといっしょには処理しにくいものです。大型ごみとよぶこともあります。

以前はテレビや冷蔵庫も粗大ごみでしたが、家電リサイクル法ができてから、家電製品は別に回収されるようになりました（家電リサイクル法については、このシリーズの4巻を見てください）。

まだ使えるものは修理し、きれいにして市民に安く販売することもあります。

それ以外の粗大ごみは、次にお話しする破砕・選別ライン（くだいて資源として回収するものとそれ以外を分ける設備）に送る前に、破砕しにくいもの、資源として取り出しやすいものなどを手作業ではずしています。

粗大ごみの処理の流れ

事前選別 → 破砕・選別 → 資源回収 / 燃やす
事前選別 → 再利用
破砕・選別 → うめる

粗大ごみの事前選別 この写真は相模原市の清掃工場の粗大ごみヤード（破砕設備に入れる前におく場所）。粗大ごみを床に広げて手作業で分別し、資源として利用できるものを選んでいる。

粗大ごみの事前選別　破砕する前に、破砕しにくいもの、資源にできるものなどを手作業で取り出す。左は、マットレスからスプリングをはずして回収しているところ。

破砕ラインに送る　人手で資源を取りのぞいた粗大ごみは、細かくくだく破砕機に送る。そうして、人手では回収できなかった鉄やアルミなどの資源を取り出したり、燃やせるものは焼却炉に送る（破砕・選別のしくみは27ページ参照）。

粗大ごみの種類と破砕・選別

燃やすもの、うめるものと資源に分ける

多いのは家具類

粗大ごみとして出されるのは、どんなものが多いのでしょうか。

下の図は北海道旭川市の例をグラフにしたものです。いちばん多いのはふとんで、ソファ、カーペット、たんすなどの家具類が多いことがわかります。

破砕・選別する理由

粗大ごみは、そのままでは燃やせませんし、うめたてると、とてもかさばります。そのままでは金属などの資源を回収することもできません。

そこで、くだいたり切断したりして、鉄などの資源を回収し、燃えるものは燃やしてかさをへらし、燃えないものは最終処分場に運びます。

粗大ごみの種類

北海道旭川市（人口約34万人、世帯数約18万戸）／2015年度

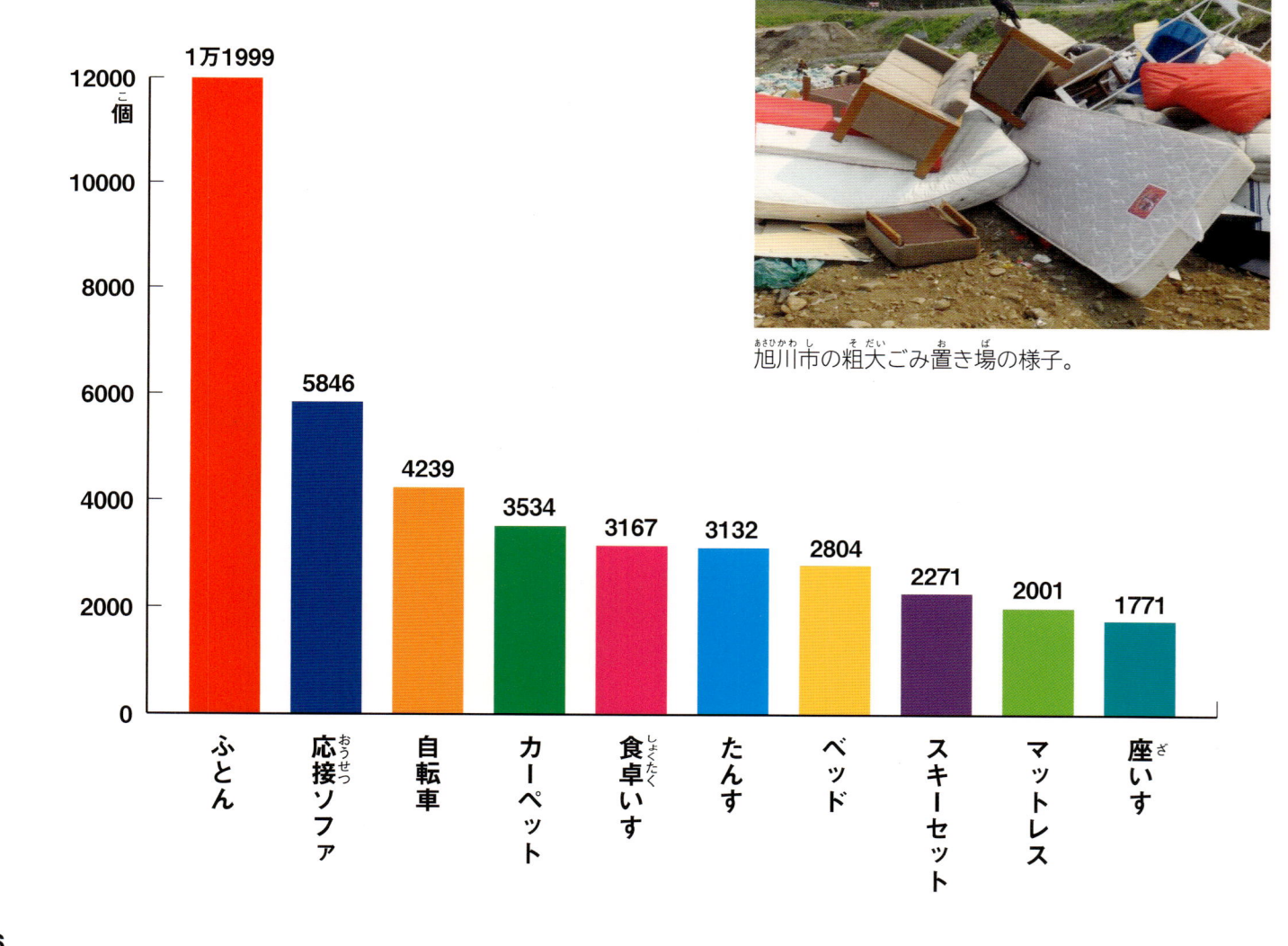

旭川市の粗大ごみ置き場の様子。

グラフ（単位：個）

種類	個数
ふとん	1万1999
応接ソファ	5846
自転車	4239
カーペット	3534
食卓いす	3167
たんす	3132
ベッド	2804
スキーセット	2271
マットレス	2001
座いす	1771

粗大ごみの大きさや材質によって、破砕・選別のしかたはちがう。破砕機と選別機は組み合わせて使われる。「燃やさないごみ」も資源を回収し、燃やすもの、燃やさないものに分けるために破砕・選別施設で処理することもある。

回転式破砕機と選別機の組み合わせの例

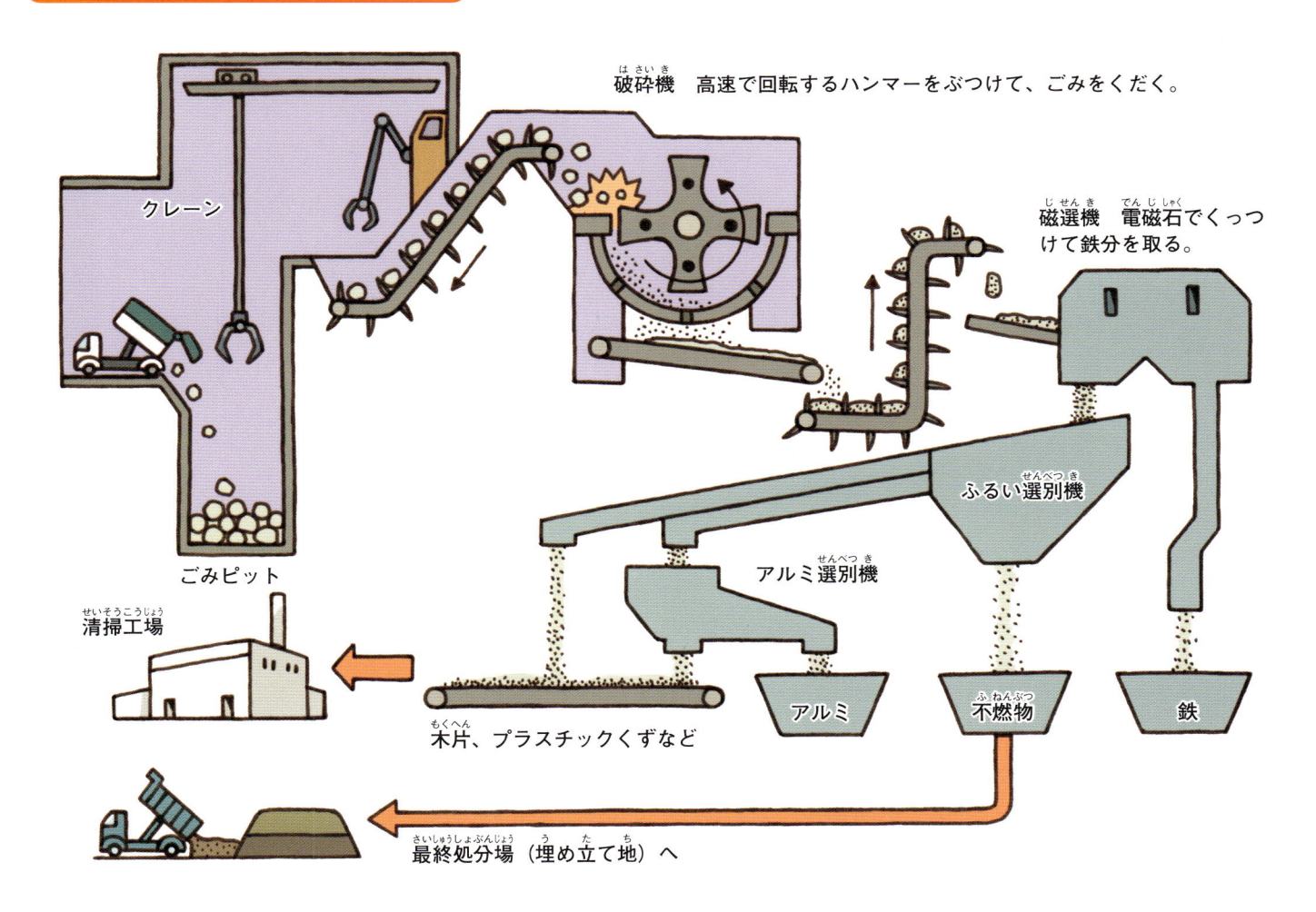

破砕機 高速で回転するハンマーをぶつけて、ごみをくだく。

磁選機 電磁石でくっつけて鉄分を取る。

クレーン

ごみピット

清掃工場

ふるい選別機

アルミ選別機

アルミ

不燃物

鉄

木片、プラスチックくずなど

最終処分場（埋め立て地）へ

切断式破砕機と回転ふるい選別機の例

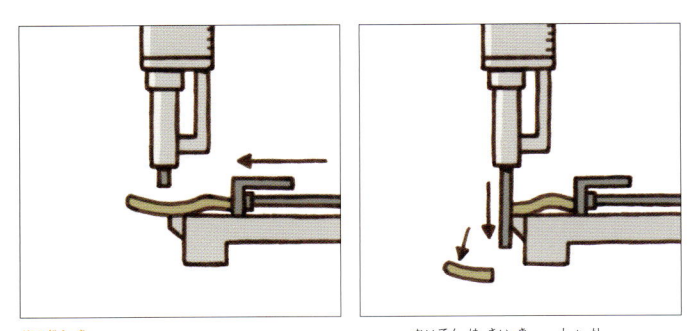

切断機 ふとんやマットレスなど、回転破砕機で処理できないものに使う。

円筒形のふるい 円筒を回転させ、ふるい落とすことで、くだいたごみを大きさごとに分ける。

修理して使う
リユースのくふう

まだ使えるものの再利用

　粗大ごみの中で、いたみが少ない家具などは、修理したり、掃除してきれいにしたりして、また使えるようにします。それを「ふたたび使う」という意味で、再使用（英語でリユース）といいます。なるべくリユースすれば、燃やしたり、うめたてて処分する量をへらせます。新品をつくって売るのに使うエネルギーもへらせるので、資源を大切にすることにつながります。

　相模原市では、市民がリユースしやすいように、リサイクルスクエア（リサイクルの広場）という施設をつくっています。リサイクルセンターとよんでいる市町村もあります。

まだ使えそうなものが、いっぱいあるぞ。

持ちこまれた家具など　相模原市のリサイクルスクエアでは住民が自分で運んでくるごみも受け入れている。家具などの粗大ごみが多い。

家具の展示コーナー

展示コーナー　家具には、いたみが少なくてまだ使えるものも多い。相模原市では修理した家具を展示コーナーにならべて、ほしい人にゆずっている。右は家具を修理しているところ。

♻ リサイクルスクエアの人の話

　まだ使えるものをすててしまうことがありますね。たとえば、新しい家具や自転車を買うと、まだ使えても古い家具はいらなくなってしまいます。

　それを修理（リペア）して必要な人にゆずることができれば、ごみをへらし、環境を守ることにもなりますね。

　そのように再使用することをリユースといいます。リユースのためには、しくみが必要です。

　市の施設だけでは、いろいろな品物をリユースすることはできません。それで衣類の交換会やフリーマーケット、中古の衣類、家具を安く売るリサイクルショップなどもあります。

*リユースは Reuse、リサイクルは Recycle、リペアは Repair と書く。

資源物などはどうなるの
びん、かんなど、それぞれのゆくえ

▶いろいろな資源物の再生

　分別して出した資源物（資源ごみ）は、市町村のリサイクルセンターや市町村が委託する業者によって、分別のきまりにあわせて種類ごとにまとめます。

　スチールかんやアルミかんは選別して、つぶしてかためること、ガラスびんは色別に分けるなど、いろいろなきまりがあります。そのきまりにしたがったものが、リサイクル業者に引き取られていきます。右の写真はそのおもな例です。

　紙や紙パック、布は市町村でも回収されますが、多くは集団回収され、直接リサイクル業者に送られます。

びんにまじっているものを手作業で取りのぞく。

おもな資源物の再生の流れ

分別収集

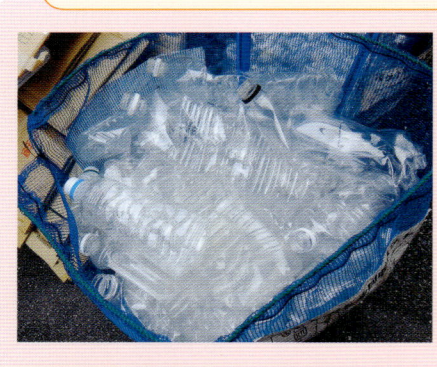

ペットボトル　キャップとラベルをはずし、つぶして出す。

トレーなどのプラスチック容器包装　洗ってよごれを落とし、かわかして出す。

スチールかん・アルミかん　中身を出し、つぶして出す。

びん　中身を出して、洗ってから出す。

＊紙・紙パック・布はこのシリーズの2巻、びん・かん・ペットボトル・プラスチック容器包装は3巻を見てください。

いろいろな資源物の回収とリサイクルの流れを まとめたよ。市町村では、資源物を種類ごとに まとめてリサイクル業者に出している。くわし くはそれぞれの巻を見てください。

つぶしてかため、た ばにして、リサイク ル業者にわたす。

フレーク

PET樹脂のフレー クはペットボトルを 細かくくだいたもの。 衣類などの原料にな る。

つぶしてかため、た ばにして、リサイク ル業者にわたす。

再生ペレット

再生ペレットは、廃 プラスチックをとか して小さな粒にした もの。プラスチック 製品の原料になる。

スチールかんとアル ミかんを分け、それ ぞれリサイクル業者 にわたす。

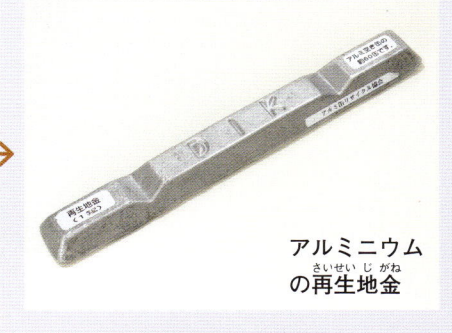

アルミニウム の再生地金

アルミかんは新しい アルミかん、スチー ルかんは鉄製品に再 生。

透明・茶・その他な どの色別に分けて、 リサイクル業者にわ たす。

カレット

カレット（ガラスの かけら）は、新しい びんの原料にする。

最終処分場ってどんなところ

灰や燃やさないごみをうめたてるところ

🌱 最終処分ってどういうこと

ごみの処理には、3つの段階があります。①収集→②中間処理（資源回収・焼却などによって、うめたてる量をへらす）→③最終処分です。

③の最終処分とは、清掃工場やリサイクル施設の焼却炉から出た灰や、燃やさないごみなどをうめたてることです。

日本では広い土地の確保がむずかしいので、谷間に最終処分場をつくる市町村が多くなっています。また関東地方や近畿地方などの大都市のあるところでは、海に最終処分場をつくっています。

最終処分場

この写真は神奈川県相模原市の最終処分場。写真の上がうめたての終わった埋め立て地。下は現在の埋め立て地で、埋め立て面積2万5700㎡、埋め立て容量50万700㎡ある。

広いところだね。

でも、できるだけごみをへらさないと、長く使えないそうよ。

最終処分場　相模原市の処分場は、林や畑が広がる丘陵地帯の谷間をほりさげてつくられている。

最終処分場の周囲には水がしみ出さないようにシートがはってある。中央に見えるのはガスぬき管。

ガスぬき管

♻ 海の最終処分場

最終処分場の中には海岸から近い海につくられているところもある。この写真は東京都の最終処分場（中央防波堤埋立処分場）。（写真：国土地理院「空中写真」より作成）

最終処分場の様子
うめたてのくふう

かぎりのある処分場

　ごみの最終処分場をつくることができる土地は、かぎられています。それに、付近の人たちの理解と協力が必要です。そのため、最終処分場を新しくつくることが、なかなかできません。今の処分場をできるだけ長く使えるようにすることが大切です。

　そのためには、計画的にうめたてることが必要です。処分場では、まず、運びこまれる灰やごみの量をそのつどきちんとはかり、中身を確認してから、うめたてるようにしています。

　また、風で灰やごみが飛んだり、よごれた水が外に出たりしないように、くふうをしています。

この最終処分場では、灰をかためたものをうめているよ。

最終処分場の建物　内部に事務所と浸出水の浄化処理のための施設がある。（相模原市）

清掃工場からうめたてる灰を運んでくるダンプカー　荷台をななめにして灰をおろすことができる。道路を走っているときに灰などが外に出ないように、荷台にふたがある。

ダンプカーの車輪を洗うプール　最終処分場から出るダンプカーは、このプールを通り、車輪についた灰やほこりを洗い落とす。

うめたての様子　ショベルカーで灰やごみを積みあげたら、土をかぶせる。そうして灰やごみが飛ばないようにして、しっかりうめたてている。

最終処分場のしくみ
埋め立てガス・浸出水の処理

最終処分場の管理

最終処分場は広い土地につくられます。雨がふると水がしみこみ、ごみの中のよごれや、灰などにふくまれている有害な物質のとけた水（浸出水という）が流れ出す心配があります。ですから、処分場の底に水を通さないシートをしき、その上にパイプをしいて浸出水の処理施設に流し、そこできれいにしてから川などに放流しています。

ごみの中の生ごみや紙などが分解すると、埋め立てガスが発生します。おもな成分はメタンガスと二酸化炭素です。メタンガスは燃えやすいガスなので、火がつくこともあります。

昔は生ごみをそのままうめたてることも多かったので、完全に分解するまでガスは長い間発生しつづけました。今は、生ごみや紙類は焼却するので、ガスの発生は少なくなっています。

最終処分場は、きちんと管理することが、とても大切です。

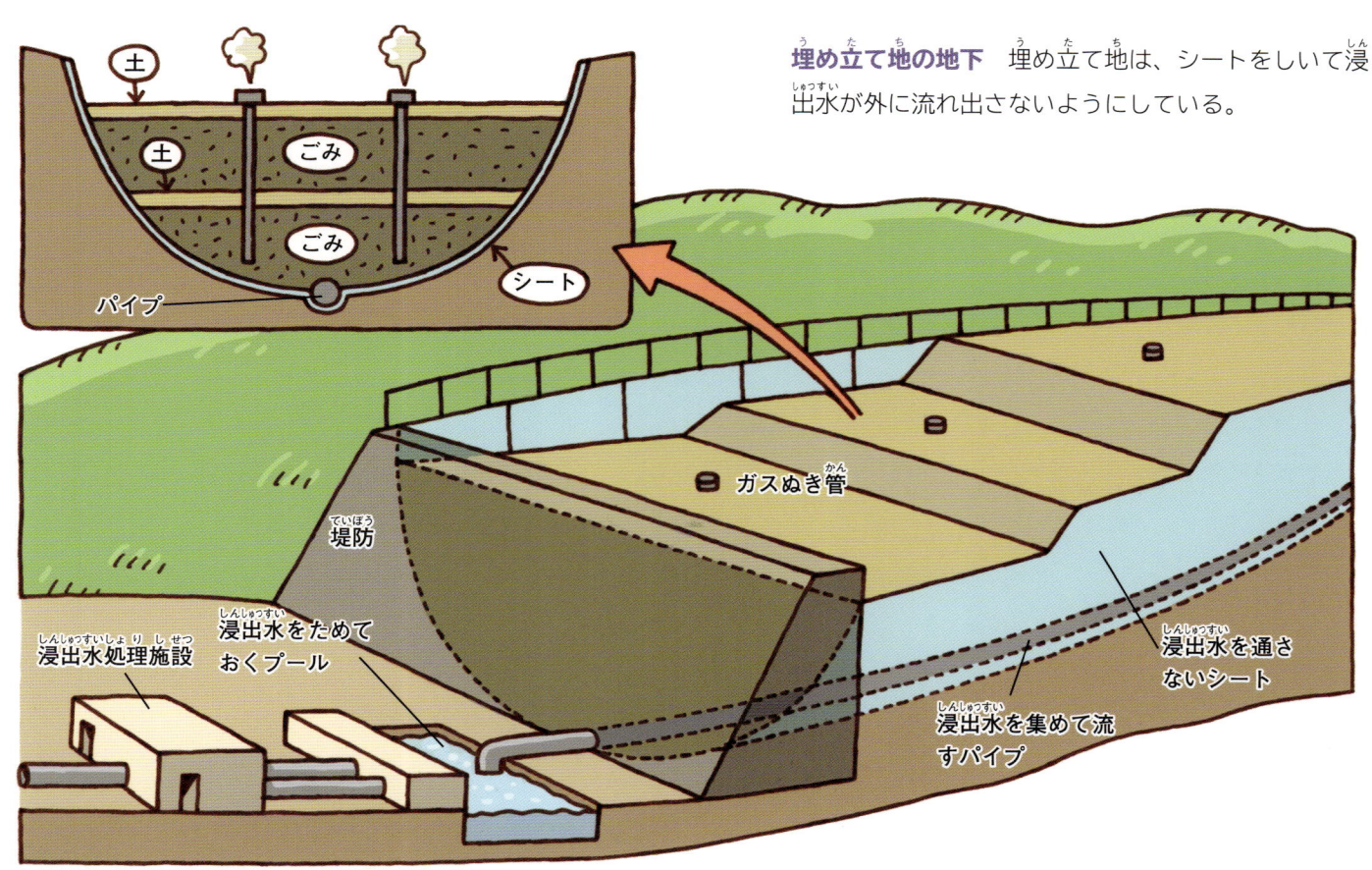

埋め立て地の地下 埋め立て地は、シートをしいて浸出水が外に流れ出さないようにしている。

土

土　ごみ　ごみ

パイプ　シート

ガスぬき管

堤防

浸出水処理施設

浸出水をためておくプール

浸出水を通さないシート

浸出水を集めて流すパイプ

埋め立て地で出た浸出水の処理 浸出水はパイプで集め、浸出水処理施設で浄化してから外に出している。

浸出水の浄化装置 最終処分場から出る浸出水を浄化して、きれいにする施設。

ガスぬき管 ごみから発生したガスを放出する。

監視装置 埋め立て地のところどころに設置し、地下の水位、水質などを監視している。

最終処分場の跡地利用
後に残る広大な土地の活用

公園などに生まれ変わる

「もうこれ以上はうめたてられない」という限度までうめたてた最終処分場は、広い空き地のような土地になります。いろいろなことに利用できそうですが、田畑や住宅地、ビル街にはできません。ごみはふつうの土と同じにはならないし、最終処分場からは浸出水や埋め立てガスが発生しつづけていたりするからです。そのため、うめたてが終わったあとも、地下水の水質の監視などが行われています。

最終処分場の跡地は、人の健康に害がないように管理しながら、公園やスポーツ施設に利用されています。

太陽光発電 最終処分場はたいてい、広くて日当たりのいい場所にある。この写真はうめたてが終わった跡地で発電しているソーラー発電の施設。(相模原市)

跡地を公園に

うめたてが終わった最終処分場は、広く平らな土地になる。その土地は、よく公園につくりかえられている。スポーツ施設や花壇があり、住民のいこいの場になっている。この図と写真は、大阪府和泉市の公園。

大阪府和泉市・和泉
リサイクル環境公園

生まれ変わった夢の島

夢の島は 1950 年代から 70 年代にかけて、大量にごみをうめたてた東京都の最終処分場だった。今は広大なスポーツ公園や緑地に生まれ変わっている。清掃工場もあり、その熱を利用して熱帯植物の温室もつくられている。（東京都江東区）

ごみ処理にかかるお金

だれがお金をはらうのか

みんながはらっている

清掃工場や広い最終処分場などをつくって運営するには、大きな費用がかかります。市内をごみ収集車がくまなくまわってごみを収集するのにも費用がかかります。その費用は市町村が、おもにみんなの税金でまかなっています。

下のグラフは北海道札幌市の例です。札幌市の人口は194万人ほどで、2015（平成27）年度の1年間に223億円ものお金をごみ処理に使ってい

ます。住民1人当たりにすると1万1500円ほど、毎日32円ほどの費用をかけていることになります。

有料収集

指定のごみ袋を買ってもらうなどのしくみで「有料収集」をし、住民に費用の一部を負担してもらっているところもあります。それは、費用をまかなうというよりも、ごみをへらすことが大きな目的になっています。

ごみ処理にかかる費用の内わけ

札幌市環境局HP「平成27年度決算」より

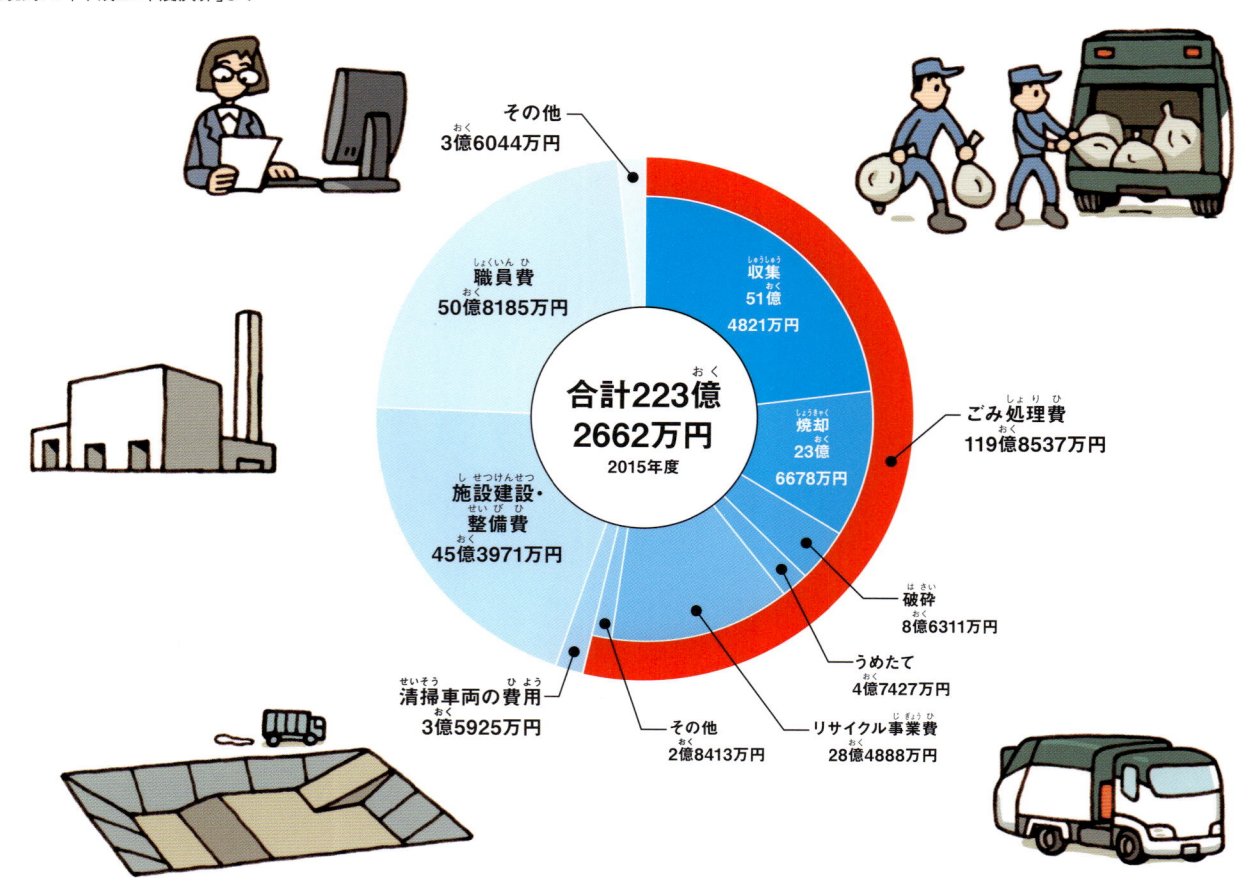

その他
3億6044万円

職員費
50億8185万円

収集
51億4821万円

合計223億2662万円
2015年度

焼却
23億6678万円

ごみ処理費
119億8537万円

施設建設・整備費
45億3971万円

破砕
8億6311万円

うめたて
4億7427万円

清掃車両の費用
3億5925万円

その他
2億8413万円

リサイクル事業費
28億4888万円

＊グラフの数値は、四捨五入のため、合計と内訳の計が一致しないことがあります。

札幌市環境局HP「平成27年度決算」より

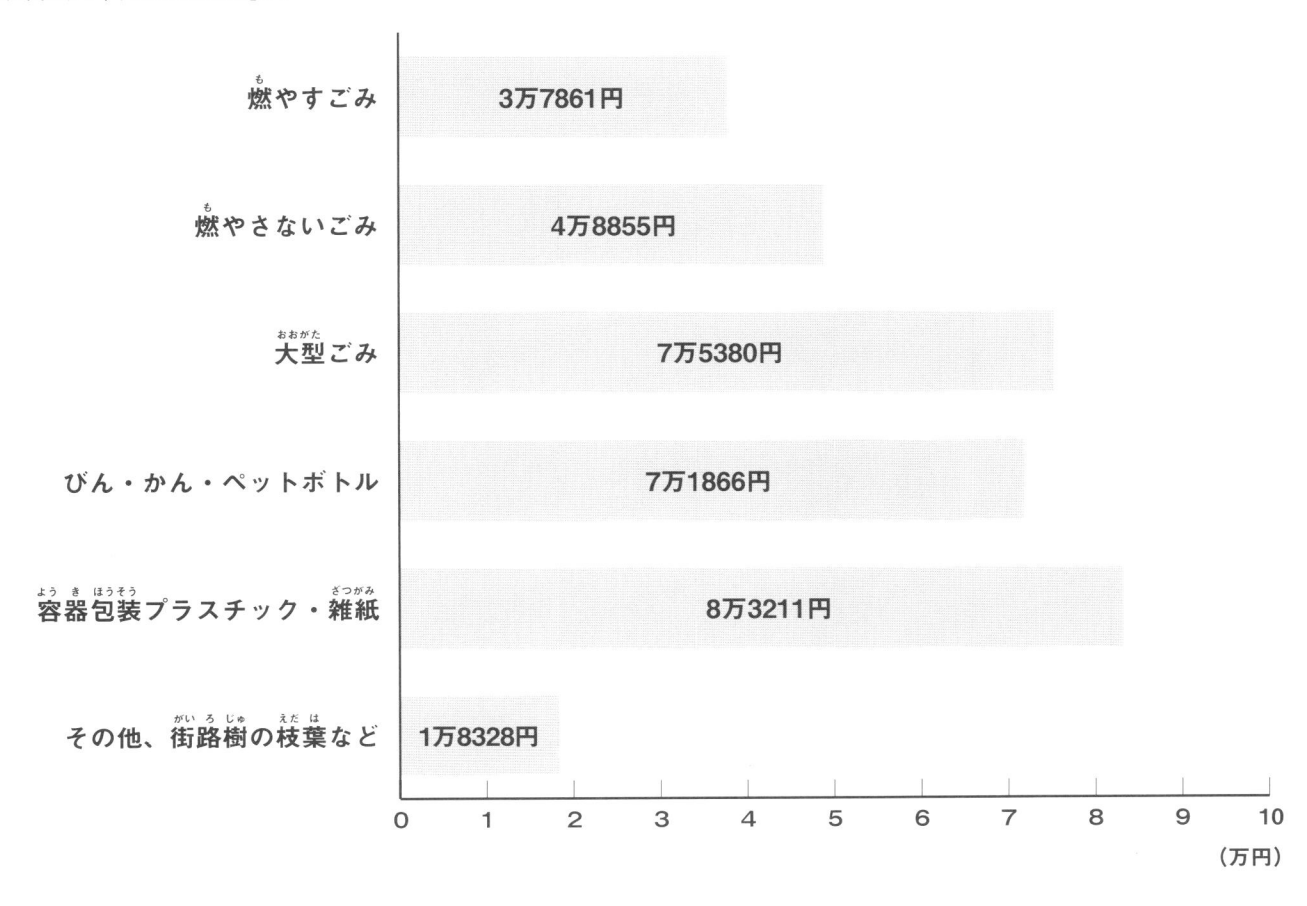

品目	費用
燃やすごみ	3万7861円
燃やさないごみ	4万8855円
大型ごみ	7万5380円
びん・かん・ペットボトル	7万1866円
容器包装プラスチック・雑紙	8万3211円
その他、街路樹の枝葉など	1万8328円

（万円）

ごみの有料収集

ごみの収集と処理は、くらしていくうえで、ぜったいに必要なことだ。そのため、市町村が責任を持って、ごみを収集し、清掃工場や最終処分場などの施設をつくって運営している。その費用は税金でまかなうので、ごみは無料で出すことができる。ごみの処理はだれにとっても必要なことだし、お金がないからといって、ごみを出さない人がいると、ごみがあふれ出して近所も不衛生になって、こまるからだ。

しかし今では、指定のごみ袋や、ごみ袋にはるシールを買ってもらうかたちで、有料にしている市町村がふえている。その値段はさまざまだが、「燃やすごみ」10リットルあたり10円くらいだ。そんなに安くては費用のごく一部をまかなえるだけだが、ごみをへらす効果があり、全体として費用をおさえることにも役立っている。

また、ごみを多く出した人が費用も多く負担することになるため、ごみの処理費用を、より公平に負担することにもなる。

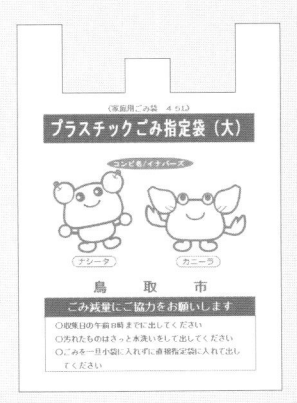

指定のごみ袋の例 （鳥取県鳥取市）

もっとくわしく知りたい人へ
ごみの処理とリサイクル

ごみの収集

　家庭のごみの収集と処理は市町村の責任で行われています。収集にはステーション方式と戸別方式があります。どちらも、住民がごみを出しやすくして収集するくふうです。収集の手間をはぶき、住民にも便利な方法としてパイプラインをつくったところもありますが、施設にお金がかかるなどの理由で行われなくなりました。

【ステーション方式】地区ごとに集積所（ごみ置き場）を決めて収集する方法です。ごみを集めに来る人は、少し走っては収集車をとめてごみを積む作業をくりかえすことになります。大きなマンションでは、専用の集積所があります。

【戸別方式】1軒ごとにごみを集める方法で、戸別収集ともいいます。自分の家からどんなごみを出しているかがわかりやすいので、ごみの分別が守られやすくなる効果があります。

　また、ステーション方式でも、粗大ごみは戸別収集し、有料としている市町村が多くあります。電話やインターネットで申しこめば取りに来てくれるしくみです。品物の大きさや重さによって一定の手数料をはらうきまりになっています。

【持ちこみごみ】市民が自分で自動車に積んだりして清掃工場に運びこまれるごみもあります。ごみ集積所に持っていきにくい粗大ごみが、よく持ちこまれます。持ちこむ人は、品物の種類や重さによって一定の手数料をはらいます。

【拠点回収と集団回収】資源になるものは、収集ではなく、「回収」とよんでいます。ステーション方式・戸別方式で日時を決めて回収するほか、拠点回収と集団回収があります。

　拠点回収は、市町村が資源物の回収場所を決めて、回収ボックスなどをもうけているものです。市役所、市民会館などに回収場所があります。

　集団回収は、学校のPTA、町内会・自治会など地域の団体が資源物を回収することで、資源物を出す場所や時間を決めて行われています。

　なお、市町村が収集するごみには、くらしの中で出る生活系ごみのほかに、お店などから出る事業系ごみがあります。その1人1日当たりのごみ量の変化を下のグラフにしめしました。

1人1日当たりのごみ量の変化

（環境省『環境統計集』平成28年版）

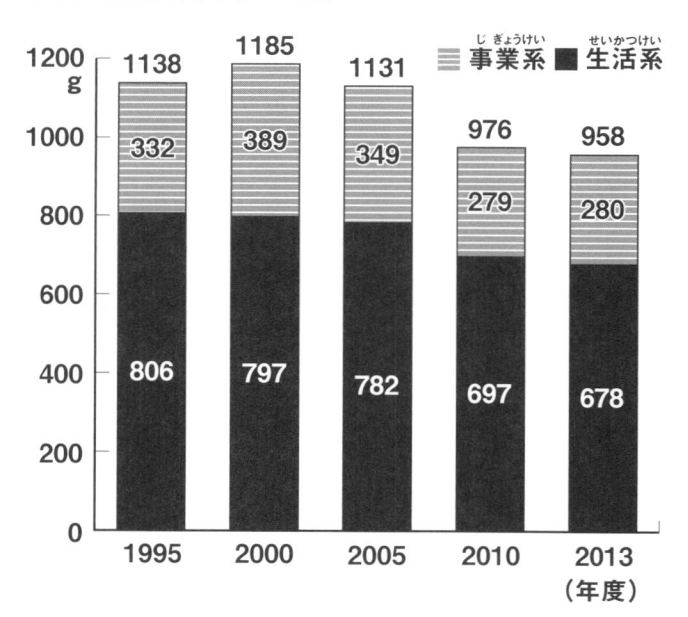

ごみの分別収集

　種類ごとにごみを分けて出してもらい、集めることを「分別収集」といいます。分別収集には次のような利点があります。

【分別収集の利点】

①分別収集をすれば効率よく、ごみを処理できます。たとえば、燃やすごみの中に、陶器の食器やガラス製品、金属製品などがたくさんまじっていたら、燃えにくくて、こまりますね。燃焼ガスの中に出る有害な物質の発生もおさえることもできます。

②ごみを資源としていかせます。「すてればごみ、分ければ資源」といわれるように、びん、かん、ペットボトル、紙類、衣類などに分別することによってリサイクルしやすくなります。

③「燃やすごみ」と「燃やさないごみ」の分別は、うめたて処分する量をへらすことが目的です。燃えるものはそのままうめるよりも、「燃やすごみ」として集めて燃やすと、容積が 20 分の 1 になります。ごみを燃やしてエネルギーを回収することもできます。

④ごみの問題を解決するには、住民の協力が欠かせません。ごみを分別する作業をすることで、ごみに対する住民の関心が高まります。

【市町村によってちがう分別】ごみは「燃やすごみ」「燃やさないごみ」「粗大ごみ」「資源物（資源ごみ）」などに分別されますが、分け方は市町村によってちがいます。ごみをどのように処理するのがよいのかという考え方が市町村によってちがい、清掃工場などの施設もちがうからです。

　市町村はそれぞれ、7 ページの「分別にまよったら」にあるように、ちらしやホームページで分け方を知らせています。

清掃工場・リサイクルセンターでの処理

　清掃工場はごみの焼却装置を中心とした施設です。資源物を回収する施設と合わせてリサイクルセンターというなど、よび方は市町村によってことなります。

　下のグラフには、清掃工場で直接に焼却されている「燃やすごみ」のほか、粗大ごみを破砕して資源物を回収するなどの中間処理がされているごみの量、直接にうめたてられている量、集団回収されている資源物の量をしめしました。

ごみ処理と資源回収

（2015 年／生活系・事業系の計／環境省『環境統計集』平成 28 年版）

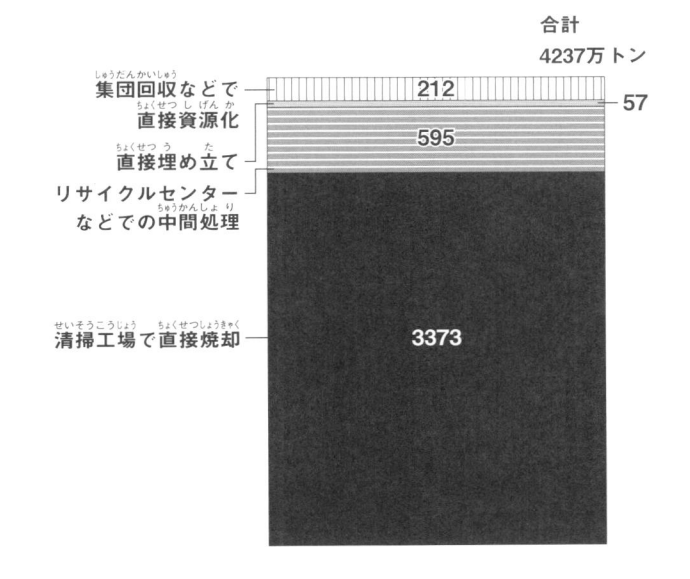

合計
4237万 トン

集団回収などで直接資源化 … 212　57
直接埋め立て … 595
リサイクルセンターなどでの中間処理
清掃工場で直接焼却 … 3373

ごみの利用

　ごみを燃やしたときの熱は、20-21 ページにあるように、発電、温水プール、温室などに利用されています。そのほか、生ごみから発生するガスを利用したり、肥料にしたりする方法もあります。

【ガス化】生ごみを発酵させて燃料として使えるメタンガスをとる方法です。

【生ごみのたい肥化】生ごみを発酵させて肥料にすることです。コンポスト化ともいいます。多く

の市町村では市民に家庭用コンポスト化容器を買ってもらうことをすすめています。そうして家々で生ごみを肥料にしてもらうと、市が処理するごみの量をへらすことができるからです。

最終処分場の状態

最終処分場は、ごみを燃やしたあとの灰や分別された燃えないごみ、破砕・選別施設や資源化施設で分けられた不燃物などをうめたてるところです。環境省の調査によると、一般廃棄物の最終処分場は全国に1698か所あります（2014年度）。この数は近年、少しずつへっています。その大きな理由は、計画した量のうめたてが終わっても、新しく処分場をつくる土地を見つけるのがむずかしいことです。

ごみの最終処分場が必要なことはわかるけれど、自分が住んでいる家の近くにつくられるのはいやだという人もいます。

右のグラフには、最終処分場の残余年数の変化をしめしました。残余年数とは、あと何年くらい

うめたてることができるかという見込みです。ごみの量をへらすと、新しく処分場をつくらなくても、残余年数をのばすことができます。最終処分場を長持ちさせるには、ごみの減量と、分別収集やごみ処理施設での分別の精度をあげて、ごみを資源にもどしていくことが必要です。

最終処分場の残余年数の変化

(環境省『環境統計集』平成28年版)

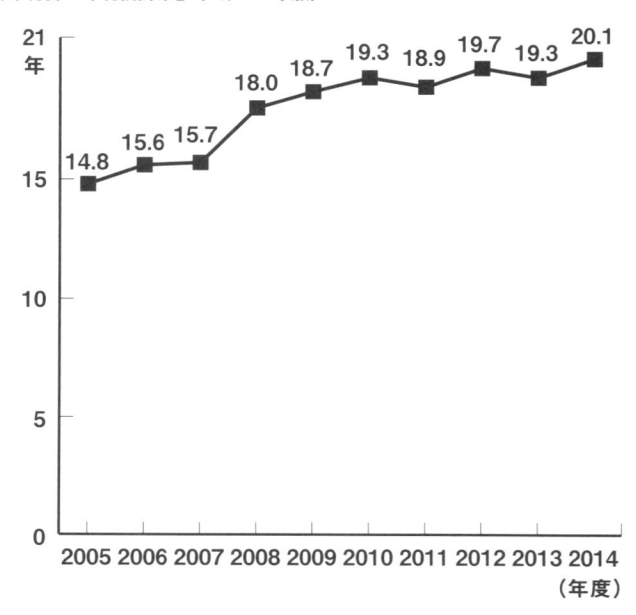

参考になるサイト

たくさんのサイトがあります。名前を入れて検索してみてください。

ごみ・リサイクル全体

▶環境省
▶こども環境省
▶日本容器包装リサイクル協会
▶資源・リサイクル促進センター　小学生のための環境リサイクル　学習ホームページ
▶科学技術振興機構　サイエンスチャンネル

この本の関連サイト

▶相模原市リサイクルとごみ
▶水俣市ごみ収集
▶旭川市粗大ごみ
▶長岡市生ごみバイオガス化事業
▶東京都の廃棄物埋立処分場
▶和泉リサイクル環境公園
▶夢の島公園
▶札幌市ごみ処理費用

全巻さくいん

ぜんかん

この全巻さくいんの見かた

調べたい言葉
（あいうえお順）

説明がある巻とページ

例 新聞紙 …………… ②—5,10 ⑤—6

➡この例では、第2巻の5,10ページと第5巻の6ページ。

監修 **松藤 敏彦**（まつとう　としひこ）

1956年北海道生まれ。北海道大学卒業。廃棄物工学・環境システム工学を専門とする。廃棄物循環学会理事(元会長)。工学博士。北海道大学教授。ごみの発生から最終処分まで、ごみ処理全体を研究している。主な著書に、『ごみ問題の総合的理解のために』(技報堂出版)、『環境問題に取り組むための移動現象・物質収支入門』(丸善出版)、『環境工学基礎』(共著・実教出版)、『廃棄物工学の基礎知識』(共著・技報堂出版)など多数ある。

文	大角修
表紙作品制作	町田里美
イラスト	大森眞司
撮影	松井寛泰
デザイン	倉科明敏（T.デザイン室）
DTP	栗本順史（明昌堂）
校正	鷹羽五月
企画・編集	渡部のり子・伊藤素樹（小峰書店）／大角修・佐藤修久（地人館）
協力	相模原市
写真提供	アイリスオーヤマ株式会社／相模原市／株式会社タクマ／大栄環境株式会社／東京二十三区清掃一部事務組合／鳥取市／長岡市／ピクスタ／水俣市

主な参考文献

環境省編『環境白書・循環型社会白書・生物多様性白書』『一般廃棄物処理実態調査結果』環境統計集』『指定廃棄物の今後の処理の方針について』／松藤敏彦他『環境工学基礎』(実教出版)／松藤敏彦『ごみ問題の総合的理解のために』(技報堂出版)／廃棄物・３R研究会『循環型社会キーワード事典』(中央法規出版)／エコビジネスネットワーク（編集）『絵で見てわかるリサイクル事典—ペットボトルから携帯電話まで』(日本プラントメンテナンス協会)／高月紘『ごみ問題とライフスタイル—こんな暮らしは続かない』(日本評論社)／半谷高久監修『環境とリサイクル全12巻』(小峰書店)

調べよう　ごみと資源⑤
清掃工場・最終処分場　　NDC518　47p　29cm

2017年4月8日　第1刷発行　　2019年4月30日　第4刷発行

監修	松藤敏彦
発行者	小峰広一郎
発行所	株式会社小峰書店　〒162-0066 東京都新宿区市谷台町 4-15
	電話 03-3357-3521　FAX03-3357-1027　https://www.komineshoten.co.jp/
組版	株式会社明昌堂
印刷・製本	図書印刷株式会社